同济博士论丛
TONGJI Dissertation Series

总主编 伍江 副总主编 雷星晖

李芳芳 林建平 傅铭旺 著

硼钢板热冲压零件的力学行为
控制与设计方法

The Mechanical Behavior Control and Design Method of Hot Stamped Boron Steel Components

同济大学出版社
TONGJI UNIVERSITY PRESS

内 容 提 要

本书主要内容包括：硼钢板力学行为的影响因素及其分析、硼钢板热冲压成形中的相变过程及组织演变机理、基于硼钢板高温成形性能的微观组织约束研究、微观组织对硼钢板力学行为的影响研究、力学性能梯度 B 柱的设计方法及模具对硼钢板温度历程的影响研究。

图书在版编目(CIP)数据

硼钢板热冲压零件的力学行为控制与设计方法 / 李芳芳,林建平,傅铭旺著. —上海：同济大学出版社,2017.8
(同济博士论丛/伍江总主编)
ISBN 978 - 7 - 5608 - 6797 - 7

Ⅰ. ①硼… Ⅱ. ①李…②林…③傅… Ⅲ. ①硼钢—板材冲压—热处理—力学性能—研究 Ⅳ. ①TG386.41

中国版本图书馆 CIP 数据核字(2017)第 058162 号

硼钢板热冲压零件的力学行为控制与设计方法

李芳芳　林建平　傅铭旺　著

出 品 人　华春荣　　责任编辑　朱 勇　蒋卓文
责任校对　徐春莲　　封面设计　陈益平

出版发行　同济大学出版社　www. tongjipress. com. cn
　　　　　(地址：上海市四平路 1239 号　邮编：200092　电话：021 - 65985622)
经　　销　全国各地新华书店
排版制作　南京展望文化发展有限公司
印　　刷　浙江广育爱多印务有限公司
开　　本　787 mm×1092 mm　1/16
印　　张　9.5
字　　数　190 000
版　　次　2017 年 8 月第 1 版　2017 年 8 月第 1 次印刷
书　　号　ISBN 978 - 7 - 5608 - 6797 - 7

定　　价　58.00 元

"同济博士论丛"编写领导小组

组　　　长：杨贤金　钟志华

副　组　长：伍　江　江　波

成　　　员：方守恩　蔡达峰　马锦明　姜富明　吴志强
　　　　　　徐建平　吕培明　顾祥林　雷星晖

办公室成员：李　兰　华春荣　段存广　姚建中

袁万城	莫天伟	夏四清	顾 明	顾祥林	钱梦騄
徐 政	徐 鉴	徐立鸿	徐亚伟	凌建明	高乃云
郭忠印	唐子来	阎耀保	黄一如	黄宏伟	黄茂松
戚正武	彭正龙	葛耀君	董德存	蒋昌俊	韩传峰
童小华	曾国荪	楼梦麟	路秉杰	蔡永洁	蔡克峰
薛 雷	霍佳震				

秘书组成员： 谢永生　赵泽毓　熊磊丽　胡晗欣　卢元姗　蒋卓文

总　序

在同济大学110周年华诞之际,喜闻"同济博士论丛"将正式出版发行,倍感欣慰。记得在100周年校庆时,我曾以《百年同济,大学对社会的承诺》为题作了演讲,如今看到付梓的"同济博士论丛",我想这就是大学对社会承诺的一种体现。这110部学术著作不仅包含了同济大学近10年100多位优秀博士研究生的学术科研成果,也展现了同济大学围绕国家战略开展学科建设、发展自我特色,向建设世界一流大学的目标迈出的坚实步伐。

坐落于东海之滨的同济大学,历经110年历史风云,承古续今、汇聚东西,秉持"与祖国同行、以科教济世"的理念,发扬自强不息、追求卓越的精神,在复兴中华的征程中同舟共济、砥砺前行,谱写了一幅幅辉煌壮美的篇章。创校至今,同济大学培养了数十万工作在祖国各条战线上的人才,包括人们常提到的贝时璋、李国豪、裘法祖、吴孟超等一批著名教授。正是这些专家学者培养了一代又一代的博士研究生,薪火相传,将同济大学的科学研究和学科建设一步步推向高峰。

大学有其社会责任,她的社会责任就是融入国家的创新体系之中,成为国家创新战略的实践者。党的十八大以来,以习近平同志为核心的党中央高度重视科技创新,对实施创新驱动发展战略作出一系列重大决策部署。党的十八届五中全会把创新发展作为五大发展理念之首,强调创新是引领发展的第一动力,要求充分发挥科技创新在全面创新中的引领作用。要把创新驱动发展作为国家的优先战略,以科技创新为核心带动全面创新,以体制机制改革激发创新活力，以高效率的创新体系支撑高水平的创新型国家建设。作为人才培养和科技创新的重要平台，大学是国家创新体系的重要组成部分。同济大学理当围绕国家战略目标的实现，作出更大的贡献。

大学的根本任务是培养人才，同济大学走出了一条特色鲜明的道路。无论是本科教育、研究生教育，还是这些年摸索总结出的导师制、人才培养特区，"卓越人才培养"的做法取得了很好的成绩。聚焦创新驱动转型发展战略，同济大学推进科研管理体系改革和重大科研基地平台建设。以贯穿人才培养全过程的一流创新创业教育助力创新驱动发展战略，实现创新创业教育的全覆盖，培养具有一流创新力、组织力和行动力的卓越人才。"同济博士论丛"的出版不仅是对同济大学人才培养成果的集中展示，更将进一步推动同济大学围绕国家战略开展学科建设、发展自我特色、明确大学定位、培养创新人才。

面对新形势、新任务、新挑战，我们必须增强忧患意识，扎根中国大地，朝着建设世界一流大学的目标，深化改革，勠力前行！

万　钢

2017 年 5 月

论丛前言

　　承古续今，汇聚东西，百年同济秉持"与祖国同行、以科教济世"的理念，注重人才培养、科学研究、社会服务、文化传承创新和国际合作交流，自强不息，追求卓越。特别是近20年来，同济大学坚持把论文写在祖国的大地上，各学科都培养了一大批博士优秀人才，发表了数以千计的学术研究论文。这些论文不但反映了同济大学培养人才能力和学术研究的水平，而且也促进了学科的发展和国家的建设。多年来，我一直希望能有机会将我们同济大学的优秀博士论文集中整理，分类出版，让更多的读者获得分享。值此同济大学110周年校庆之际，在学校的支持下，"同济博士论丛"得以顺利出版。

　　"同济博士论丛"的出版组织工作启动于2016年9月，计划在同济大学110周年校庆之际出版110部同济大学的优秀博士论文。我们在数千篇博士论文中，聚焦于2005—2016年十多年间的优秀博士学位论文430余篇，经各院系征询，导师和博士积极响应并同意，遴选出近170篇，涵盖了同济的大部分学科：土木工程、城乡规划学(含建筑、风景园林)、海洋科学、交通运输工程、车辆工程、环境科学与工程、数学、材料工程、测绘科学与工程、机械工程、计算机科学与技术、医学、工程管理、哲学等。作为"同济博士论丛"出版工程的开端，在校庆之际首批集中出版110余部，其余也将陆续出版。

　　博士学位论文是反映博士研究生培养质量的重要方面。同济大学一直将立德树人作为根本任务，把培养高素质人才摆在首位，认真探索全面提高博士研究生质量的有效途径和机制。因此，"同济博士论丛"的出版集中展示同济大学博士研究生培养与科研成果,体现对同济大学学术文化的传承。

"同济博士论丛"作为重要的科研文献资源,系统、全面、具体地反映了同济大学各学科专业前沿领域的科研成果和发展状况。它的出版是扩大传播同济科研成果和学术影响力的重要途径。博士论文的研究对象中不少是"国家自然科学基金"等科研基金资助的项目,具有明确的创新性和学术性,具有极高的学术价值,对我国的经济、文化、社会发展具有一定的理论和实践指导意义。

"同济博士论丛"的出版,将会调动同济广大科研人员的积极性,促进多学科学术交流、加速人才的发掘和人才的成长,有助于提高同济在国内外的竞争力,为实现同济大学扎根中国大地,建设世界一流大学的目标愿景做好基础性工作。

虽然同济已经发展成为一所特色鲜明、具有国际影响力的综合性、研究型大学,但与世界一流大学之间仍然存在着一定差距。"同济博士论丛"所反映的学术水平需要不断提高,同时在很短的时间内编辑出版110余部著作,必然存在一些不足之处,恳请广大学者,特别是有关专家提出批评,为提高同济人才培养质量和同济的学科建设提供宝贵意见。

最后感谢研究生院、出版社以及各院系的协作与支持。希望"同济博士论丛"能持续出版,并借助新媒体以电子书、知识库等多种方式呈现,以期成为展现同济学术成果、服务社会的一个可持续的出版品牌。为继续扎根中国大地,培育卓越英才,建设世界一流大学服务。

伍 江

2017 年 5 月

前　言

　　随着汽车轻量化和碰撞安全这两个要求的对立统一,车身零件的性能要求逐渐趋于精细化和个性化,这使得实现单一零件多目标性能的零件性能定制的重要性愈加凸显。金属板材冲压零件的性能定制可通过零件的局部性能梯度设计实现,但这种局部性能的梯度设计对制造技术提出了控性的新要求。这种控性是由金属板材的化学元素和微观组织决定的,而微观组织则进一步受到工艺参数等的影响。因此,为了实现热冲压零件的性能定制,有必要对成形过程的组织演变、工艺参数、成形性能(控形)和力学行为(控性)间的耦合关系进行深入研究,从而实现了硼钢板热冲压零件的力学行为控制,并基于此提出相应的设计方法。

　　本书通过热膨胀试验分析了硼钢板的组织演变过程,研究了冷却路径对相变过程的影响;结合变形对硼钢板组织演变的影响,建立了考虑高温变形参数的马氏体相变动力学方程,以及考虑相变开始温度与连续冷却过程中相变范围内任意温度的铁素体和贝氏体的变温相变动力学方程,实现了基于工艺参数的硼钢板相组成控制。从晶体结构的不同分析了硼钢板成形极限主应变在不同温度下随次应变变化趋势不同的原因,推导了基于 Oyane 韧性断裂准则和 Logan-Hosford 屈服方程的硼钢板成形极限预测模型；建立了基于晶粒尺寸的硼钢板表面粗糙度演化模型，并结合高温拉伸试验，讨论了晶粒尺寸对成形载荷的影响规律，获得了相组成、晶粒尺寸及工艺参数对硼钢板高温拉伸性能的影响规律，由此提出了基于硼钢板热冲压成形性能的微观组织的限制条件。提出了基于铁素体、贝氏体和马氏体相比例、应变速率和应变量的改进后的Katsuro Inoue本构模型；建立了基于加热温度和保温时间的硼钢板晶粒长大模型，并获得了马氏体晶粒尺寸对硼钢板延伸率、屈服及抗拉强度的影响规律，从而从相组成和晶粒尺寸两个方面提出了热冲压零件力学性能的控制要求。以B柱为研究对象，建立了基于相比例和零件结构参数的力学性能梯度B柱的碰撞动力学经验公式，提出了性能驱动的力学性能梯度B柱的设计方法；以U形件模具为研究对象，分析了模具温度和不同温度模块间的安装间隙等对热冲压成形过程中硼钢板温度变化历程及其分布的影响。

本书对热冲压成形过程中奥氏体到铁素体、贝氏体和马氏体的组织演变及其与硼钢板力学行为等的关系研究，为热冲压零件的设计、制造及其力学行为的控制提供了理论基础。

目　录

第1章
绪　论

1.1　引　言

随着汽车轻量化及碰撞安全性要求的提高,具有超高强度的热冲压成形件在车身上的应用逐渐增多。热冲压零件已广泛应用在 A 柱、B 柱、防撞梁、侧门防撞杆、门槛及其他结构件上,具体如图 1-1 所示[1],数量占车身零件的 6.5% 左右[2]。在热冲压成形过程中,板料被加热到

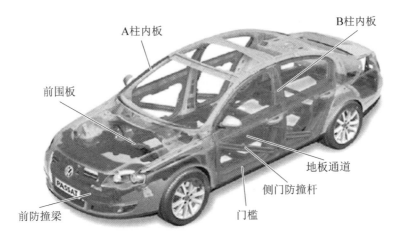

A柱内板

B柱内板

前围板

地板通道

前防撞梁

侧门防撞杆

门槛

图 1-1　热冲压零件在车身上的一般应用

奥氏体化温度以上并保温一定时间,随后红热的板料被送入模具内冲压成形,同时被具有快速均匀冷却系统的模具冷却淬火,从而获得超高强度零件。硼钢板 22MnB5 是热冲压成形中使用最广泛的钢材之一,良好的淬透性和成形后生成的板条状马氏体组织使得零件的屈服强度和抗拉强度分别高于 1 000 MPa 和 1 500 MPa[3]。

将具有超高强度的全马氏体组织零件运用于车身上具有明显的轻量化效果,但随着材料强度级别的提高,韧性和延伸率等反而会降低,使得零件在提高某一性能的同时不得不牺牲其他性能,这就需要有针对性地在需要高强度的部位以提高强度作为主要目标,在需要保证其他性能的部位以提高该性能作为主要目标,但这种单一零件的多性能要求,是传统热冲压零件很难达到的。以 B 柱为例(图 1-2),其理想结构为上部(区域Ⅰ)高强度以抵抗伤害物侵入,下部(区域Ⅲ)强度降低以吸收碰撞能量,其中区域Ⅱ为上下力学性能的过渡区域。因此,用具有力学性能梯度的热冲压零件替代传统的全马氏体组织零件是热冲压成形一个极具潜力的发展方向[4,5]。

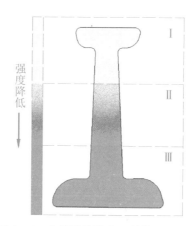

强度降低

图 1-2　力学性能梯度 B 柱的区域划分

力学性能梯度零件是指根据功能要求而各部位力学性能不同的一种新型功能零件。该零件在单一零件上实现了力学性能的渐变,满足多目标需求的同时不增加零件数量,通过性能定制同时达到碰撞安全及轻量化的要求。力学性能梯度零件的制造可在一次热冲压成形过程中完成,通过控制成形过程中板料各区域的成形温度及冷却速率等,在获得几何形状的同时控制各部位的力学性能,这实际上就要求在热冲压过程中不同部位达到不同的成形和成性要求(即控形和控性),从而实现热冲压零件的力学行为控制。力学性能梯度零件的热冲压成形较之普通热冲压成形过程中的温度场、应力场、应变场、相变等都更为复杂,这也对热成形零件的制造带来了工艺、技术以及机理上的新问题,也对零件的设计提出全新的要求和挑战。

1.2 研 究 现 状

1.2.1 力学性能梯度零件的研究现状

基于力学性能梯度的热冲压零件对于材料的充分利用、在保持轻量化的同时提高碰撞性能具有重要意义[6]。随着力学性能梯度概念的提出,已有学者针对基于控性的热冲压成形进行了初步的研究。

Bardelcik 等[7]通过控制零件在淬火过程中的冷却速率,获得了具有明显差异的零件性能,冷却速率在 25℃~2 200℃/s 变化时,准静态条件下的极限抗拉强度从 1 270 MPa 升高到 1 615 MPa,证实了通过控制冷却速率获得力学性能梯度的可行性。Mori 等[8]设计了一套直壁与底部带沟槽的 U 形件模具,冲压过程中板料与模具接触区域的强度高于未接触区域;或通过电阻局部加热板料[9],控制板料在冲压过程中各区域的传热及温度分布,同样发现,同一零件不同区域上冷却速率的差异直接导致力学性能的不同。Merklein 等[10]、George 等[11]、Svec 等[12]、Ertürka 等[13]、Tang 等[14]和 Feuser 等[15]均将模具分割为加热区和冷却区以控制热冲压过程中板料各区域的冷却速率,通过试验或仿真手段研究了热冲压工艺参数(模具温度、板料在空气中的传递时间、接触压力、合模时间和板料厚度等)对成形后零件力学性能分布的影响。Kolleck 等[16]通过控制冷却管道的布置实现了冷却速率的梯度分布。Naderi 等[17]通过不同加热和冷却方式的组合在 U 形件上实现了力学性能的梯度分布。Bardelcik 等[3]则进一步研究了不同冷却速率下(14~50℃/s)获得试样的马氏体与贝氏体含量比和硬度间的关系,提出了以应变、应变速率及成形后硬度为变量的本构模型。

控制零件不同部位的冷却速率,亦可认为是控制零件与模具不同部位间的传热行为。Caron 等[18]通过逆热传导算法获得了高温板料与模具间的热传递系数,并研究了板料与模具间的空气层厚度、成形温度等对传热系数的影响。Ghiotti 等[19]采用非金属作为模具部分材料以降低该区域的冷却速率,同样获得了力学性能梯度零件。Manzenreiter 等[20]通过将板料局部加热获得力学性能梯度,并对力学性能梯度零件的生产对镀锌涂层的影响,以及零件的力学性能梯度对电阻点焊的影响进行了研究。

以上研究提出了获得力学性能梯度零件的多种实验方法,初步分析了模具温度及分布和板料的冷却速率(板料与模具间的传热行为)对获得的力学性能梯度零件的影响,为本文的研究提供了一定的参考。

此外,力学性能梯度在其他领域也存在着广泛的应用前景。如Choi 等[21]通过热冲压模具法兰边缘的开口设计,使得零件法兰部位的强度由模具双面接触区域到空冷接触区域逐渐降低,在不影响零件使用性能的同时,极大地提高了切边模的使用寿命。Mori 等[22]通过对冲孔区域进行电阻加热,使该部位强度降低以利于冲孔。Hung 等[23]和Merklein 等[24]对铝板的梯度热处理进行了研究,发现通过板料的局部加热,可以根据变形模式有目的地控制板料不同区域的成形能力。力学性能梯度在其他方面的应用同样是基于实际情况的性能定制,并且力学性能梯度的控制机理也是通用的。

目前对基于力学性能梯度的热冲压成形研究仍处于起步阶段,主要通过自行设计的试验装置研究成形过程中各区域不同的冷却速率对成形后零件硬度分布的影响,还未对力学性能梯度零件的成形机理及其控制等关键技术进行深入研究。

1.2.2 工艺参数、成形性能、微观组织及力学性能间的关系

热冲压成形过程中,工艺参数会影响材料在高温状态下的成形性能及零件成形后的力学性能;微观组织则是工艺参数与成形性能、力学性能间的桥梁。

邢忠文等[25]研究了加热温度、保温时间及冷却水流速等热冲压工艺参数对硼钢板零件力学性能及微观组织的影响规律,确定了获得均匀细小马氏体组织的热冲压工艺参数的选择范围。谷诤巍等[26]和王立影等[27]研究了奥氏体化温度、保温时间、冷却速率和保压时间对热冲压零件质量的影响趋势。Güler 等[28]研究了不同冷却介质(空气、水)和加热时间对 30MnB5 钢力学性能的影响。姜超等[29]进一步讨论了形变对 22MnB5 钢板微观组织的影响。Zhou 等[30]研究了奥氏体化温度、保温时间、开始变形温度和冷却速率对 22MnB5 微观组织与力学性能的影响,确定了获得最高抗拉强度的工艺参数。Holzweissig 等[31]研究了快速奥氏体化(3~15s)对低合金钢热成形后零件力学性能的影响,发现与随炉加热相比,材料的硬度、弯曲角度和抗拉强度随着快速奥氏体化而升高,但延伸率在两种条件下却基本没有差别。Turetta 等[32]、Li 等[33]、Pellegrini 等[34]和 Dahan 等[35]研究了成形温度对热成形材料高温成形极限的影响。Safaeirad 等[36]研究了热浸镀锌钢微观组织对成形极限的影响。Das 等[37]、Hashimoto 等[38]和 Naderi[2]发现材料的强

度和延伸率不仅受到相组成的控制,还受到微观组织形貌、晶粒度及其分布的影响。Barcellona 等[39]分析了冷却速率对硼钢板微观组织及其硬度的影响。Ikeuchi 等[40]研究了热成形过程中高温板料在空气中的传递时间对微观组织的影响。Yamazaki[41]和 Senuma[42]则对高强钢微观组织和弯曲性能的关系进行了研究。胡平等[43]分析了热成形过程中材料的微观组织及力学性能变化,包括成形前、成形中及成形后的演变。Du 等[44]发现低碳钢高温变形时变形可以加速贝氏体相变。Xu 等[45]发现铁素体相变的开始温度随着应变或应变速率的增大而提高。

目前对工艺参数、成形性能、微观组织及力学性能间的关系研究只局限在获得单一性能的超高强度钢零件,还未扩展到基于力学性能梯度的热冲压领域,无法对力学性能梯度零件的成形成性提供明确的指导。

1.2.3 热冲压模具及典型热冲压零件(B柱)的设计

随着热冲压成形技术应用范围的逐渐扩大,模具的设计能力也在不断提高。Naganathan[46]对热冲压模具的设计制造、表面涂层及后期维护等进行了分析。朱超[47]和谷净巍等[48]对热冲压模具的凸凹模型面、尺寸设计及冷却系统提出了要求。张志强[49]提出使板料在成形过程中保持均匀的温度分布是模具冷却系统设计的关键。王立影等[50]确定了硼钢板获得马氏体组织的临界冷却水流速。So 等[51,52]和朱巧红[53]通过仿真手段对冷却系统进行了分析及优化。Naderi 等[17]研究了冷却介质(水、氮气)对成形后零件力学性能的影响。徐伟力等[54]介绍了热冲压的关键装备(加热炉、上料及下料装置、压机等)和核心技术(零件外形和工序设计、热冲压模具、毛坯定位、CAE 分析等)。周全[55]将热冲压模具区别于冷冲压模具的功能和结构要求进行了提炼。王世魁[56]设计了基于力学性能梯度的 T 形件模具的总体结构,包括加热区、过渡区和冷却区,并运用 ABAQUS 软件对不同过渡区长度和模具加热温度下成形件应力、应变和温度场进行了数值模拟,分析了成形件破裂的影响因素。Kim 等[57]提出了 HPF 技术,分块控制模具的运动,使板料分区域先后成形,提高复杂零件的成形能力。但是,现有的模具设计技术仍无法实现力学性能梯度零件的热冲压成形,模具分块控温(部分加热、部分冷却)、模块间的隔热和基于冷却速率的模具材料选择等技术仍处于起步状态。

作为典型的热冲压零件,B 柱的结构特点是零件成形深度较大、截面变化比较复杂、底部高度存在较大的起伏、圆角半径较小等。B 柱的性能要求及结构特点使其设计成为一大难点。连胜利等[58]针对某车型 B 柱上端侵入量过大的问题,发现通过 B 柱加强板上段加强可以解决该问题,但 B 柱铰链加强板优化、减弱车门防撞杆和 B 柱铰链加强板向下加长等方法则基本没有效果。徐增密等[59]针对 B 柱外板、内板和两加强板厚度,设计了正交的仿真试验,得到胸部和腹部侵入量与侵入速度的数学代理模型,并应用序列二次规划对 B 柱各板厚度进行优化,在 B 柱质量减轻 11.6% 的同时兼顾了耐撞性。Lei 等[60]综合考虑了车顶强度和侧面碰撞的安全性,采用高强度钢结构和拼焊板技术将 B 柱内外板分成上下两部分进行焊接,将 4 块拼焊板的高强度钢选型和厚度作为离散设计变量,同时对材料成本、车顶最大承载作用力、B 柱侵入速度和侵入量进行约束,建立了 B 柱结构优化的数学模型。Pan 等[61]在保证侧碰和顶压的条件下,通过将 B 柱改为拼焊板结构使其质量降低 27.64%。Yang 等[62]通过均匀设计、有限元仿真、Kriging 模型和遗传算法等设计了基于连续变截面板思想的连续变截面 B 柱。Marklund 等[63]发现增加零件厚度可以有效降低 B 柱受到撞击后顶部的变形速度。Santosh[64]分析了通过复合材料(碳/玻璃纤维)制造 B 柱对整车碰撞性能的影响。Bandi[65]以混合元胞自动机(HCA)方法为基础,提出了管状安全零件变形模式可控的零件设计方法。由此可见,目前 B 柱的零件设计仍主要集中在通过改进结构以提高其碰撞性能,基于力学性能梯度的 B 柱设计方法也还处于起步阶段。

1.3 研 究 意 义

在热冲压成形过程中,工艺参数会影响材料的组织演变及其相变结果,通过控制硼钢板的微观组织可以决定零件的力学行为;此外,微观组织还会影响硼钢板的高温力学性能,并进一步影响其成形性能,具体如图 1-3 所示。传统热冲压对相变的研究主要集中在马氏体相变,相变对零件力学性能影响的研究范围也相对较窄。因此,必须对包含铁素体、贝氏体和马氏体的微观组织及其相应的组织演变,热冲压工艺参数,高温成形性能,零件力学行为等的内在联系及相互关系进行深入研究,这对实现硼钢板热冲压成形零件的力学行为控制具有重要意义,而力学行为控制也是实现基于性能定制的零件设计的前提条件。

图 1-3 工艺参数、成形性能、微观组织与力学行为间的关系

本文以硼钢板 22MnB5 为研究对象,通过研究工艺参数、成形性能、微观组织演变及力学行为间的相互关系和影响机理,进而实现梯度性能零件的力学行为控制并提出热冲压零件的设计方法。

第2章

硼钢板力学行为的影响因素及其分析

影响硼钢板力学行为的因素众多,并且其影响程度也不同。为了实现硼钢板热冲压零件力学行为的控制,必须从中选择出主要并且可控的因素以便进行后续研究。本章从宏观和微观两个方面对影响力学行为的因素进行了归纳,并对各因素的重要性进行了分析,从而确定了本研究中考虑的宏观及微观层面上影响力学性能的主要因素。

2.1 宏观层面的力学性能影响因素分析

从宏观层面考虑,影响硼钢板组织演变及最终力学行为的因素主要是材料的化学元素和成形过程的工艺参数。

2.1.1 化学元素对力学性能的影响

1. 碳元素(C)

对于扩散相变来说:随着 C 含量的增加,铁素体转变的形核速度逐渐降低,使得铁素体组织析出速度减慢[66];但 C 含量过低会使贝氏体相变开始温度(B_s)和马氏体相变开始温度(M_s)升高[67],这不利于贝氏体相变区与珠光体相变区的分离。

对于非扩散相变来说：C原子可以延长奥氏体转变前的孕育期，减慢转变速度，并提高过冷奥氏体的稳定性[68]；C原子在马氏体中起到间隙固溶强化作用，其对马氏体的强化效果远大于其他置换固溶强化合金元素；钢中的C含量也是影响马氏体形态的主要因素，随着钢中C含量的升高，由板条状马氏体向针状、薄板状马氏体形态转变，当$W_C <$ 0.3%时，一般钢中马氏体为板条状[69]。从力学性能角度来说：增加C含量可以提高钢的弹性极限、屈服点、硬度和抗拉强度，但会降低塑性、韧性、延展性和冲击强度[70]。

2. 锰元素（Mn）

对于扩散相变来说：Mn元素也是碳化物形成元素，进入渗碳体中取代一部分铁原子，并与铁原子形成固溶体，提高钢中铁素体、奥氏体的硬度和强度；Mn含量的提高对奥氏体向铁素体转变的相变过程起延迟作用，使得完成相变所需应变量增加；在铁素体动态再结晶能够进行完全的条件下，增加低碳钢中的Mn含量可以获得更加细小的铁素体动态再结晶晶粒；但Mn含量的增加对铁素体动态再结晶过程不利[71]。

对于非扩散相变来说：Mn的扩散速度慢，阻碍共析渗碳体的形核及长大，起稳定奥氏体的作用并阻碍抑制贝氏体和铁素体的转变，同时强烈降低钢的马氏体转变温度（其作用仅次于碳）及相变的速度；Mn能形成无限固溶体和合金渗碳体，使转变时的过冷度减小，从而使相变所需要的驱动力减小，使得转变孕育期变长；Mn的大量添加会造成比较严重的碳偏析，但Mn可以提高显微组织均匀性[67]。从力学性能角度来说：Mn可以增加淬透性，改善钢的热加工性能；提高韧性、强度和硬度。

3. 硼元素（B）

对于扩散相变来说：B可以抑制铁素体在奥氏体晶界上的形

核[72]；钢中加入超微量的 B 可细化显微组织，有助于获得细小的微观组织；在奥氏体转变过程中含硼钢更容易出现贝氏体。

对于非扩散相变来说：钢板在奥氏体化时，B 原子在奥氏体晶界上偏聚，在随后的冷却过程中阻碍了奥氏体向铁素体、珠光体和贝氏体的转变，降低了钢材获得全马氏体组织的临界冷却速率，并提高了显微组织的均匀性。从力学性能角度来说：微量的 B 即可以显著改善钢的淬透性[73]；改善钢的致密性和热轧性能，提高强度。

4. 铬元素(Cr)

对于扩散相变来说：Cr 是推迟贝氏体转变最有效的元素，Cr 推迟贝氏体相变的作用要比推迟珠光体相变的作用大得多；由于 Cr 在奥氏体、铁素体以及渗碳体中的固溶度不同，奥氏体转变时会出现 Cr 的重新分配，但 Cr 的扩散移动较缓慢，并且 Cr 也会降低 C 的扩散速度，因此 Cr 会提高过冷奥氏体的稳定性，尤其是低温转变区的稳定性，使贝氏体的转变孕育期增长[74]；随着 Cr 含量的增加，珠光体转变区和贝氏体转变区会逐渐分离，但贝氏体转变速度会越来越慢[67]。

对于非扩散相变来说：Cr 会降低钢的马氏体开始转变温度，其作用仅次于 C 和 Mn；阻碍共析碳化物的形成，降低铁的自扩散系数，推迟奥氏体的分解，增强马氏体的形成，抑制贝氏体和铁素体的产生。从力学性能角度来说：Cr 能显著提高钢材的强度、硬度、耐磨性和耐腐蚀性，但同时降低塑性和韧性。

5. 钛元素(Ti)

对于扩散相变来说：Ti 是强碳化物形成元素之一，所生成的碳化物极为稳定；Ti 以碳化钛(TiC)微粒存在于钢中，细化钢的晶粒，并在奥氏体分解转变时成为新相的有效晶核，所以 Ti 有促进奥氏体向珠光体转变的作用[75]。

对于非扩散相变来说：适当增加钢中 Ti 等强氮化物形成元素的含量，可减少氮对酸溶硼收得率的影响，提高淬透性[76]；当微量的 Ti 固溶于奥氏体中时可以增强马氏体的形成，同时抑制珠光体、贝氏体和铁素体的产生；阻碍板料加热时的奥氏体晶粒长大，使钢的内部组织致密，促进晶粒细化。从力学性能角度来说：Ti 可以使钢的内部组织致密，细化晶粒；降低时效敏感性和冷脆性；改善焊接性能。

6. 硅元素（Si）

对于扩散相变来说：Si 固溶于铁素体中而不形成碳化物；Si 可以强烈抑制碳化物的析出，在钢中添加的 Si 间接起到稳定低温下富碳残余奥氏体的作用，从而在贝氏体和铁素体板条间形成薄膜状残余奥氏体[67]；增加铁原子间结合力，增高铁的自扩散激活能。

对于非扩散相变来说：Si 以固溶体形态存在于奥氏体中，缩小奥氏体相区，提高过冷奥氏体的稳定性，降低淬火临界冷速度，提高淬透性；Si 含量在 2%～2.5% 时，对马氏体相变结束温度和淬火后残余奥氏体比例的影响不明显。从力学性能角度来说：Si 可以提高弹性极限、屈服强度和屈强比以及疲劳强度和疲劳比等；降低淬火临界冷速度，提高淬透性。

7. 铝元素（Al）

Al 可以阻碍板料加热时的奥氏体晶粒长大，促进晶粒细化。从力学性能角度来说：Al 可以提高冲击韧性、抗氧化性和抗腐蚀性能[77]。

8. 钼元素（Mo）

对于扩散相变来说：Mo 将强烈阻碍奥氏体向珠光体转变；低温转变中显著降低贝氏体的相变开始温度[67]。从力学性能角度来说：Mo 可以降低淬火临界冷速度，提高淬透性。

9. 钒元素（V）

对于扩散相变来说：V 是强化铁素体和奥氏体的元素之一，在钢中主要以碳化物的形式存在。当温度足够高使得 V 的碳化物溶于奥氏体后,在降温相变过程中,它需要时间扩散出去同时又降低了 C 的扩散速度,因此增强了奥氏体稳定性;同时 V 的添加还会使珠光体转变区和贝氏体转变区分开,在一定冷速下会抑制珠光体的转变,为贝氏体形成创造条件。

10. 磷元素(P)

对于扩散相变来说:P 明显抑制铁素体在奥氏体晶界上的形核,并可使贝氏体转变曲线变得扁平,从而在低碳的情况下,在较宽冷却速率范围内都可得到贝氏体组织[78]。

11. 硫元素(S)

有害元素。

2.1.2　工艺参数对力学性能的影响

对于硼钢板热冲压成形来说,加热阶段的工艺参数主要有奥氏体化温度、保温时间和加热速度;成形阶段的工艺参数则主要有冷却速率、应变速率、应变量和变形温度等。

1. 奥氏体化温度

适当提高加热温度可促进硼钢板的奥氏体化和 B 的偏聚,通过偏聚适量的 B,能够很好地起到提高淬透性的作用,提高屈服强度和抗拉强度[79]。提高钢的加热温度和延长保温时间,有利于 C 和其他合金元素充分溶入奥氏体中,降低马氏体相变的临界温度,同时在奥氏体单相区提高加热温度或延长保温时间又会引起奥氏体晶粒的长大和奥氏体晶内缺陷的减少,从而降低马氏体转变时的切变阻力,促进马氏体的形成。

2. 保温时间

当保温时间较短时,随着时间的延长,屈服强度和抗拉强度均大幅度上升,但延伸率迅速下降,主要原因为保温时间较短时,钢中 B 扩散量不足,B 偏聚较低而导致提高淬透性的作用没有发挥出来;当保温相对较长时,B 在晶界具有明显的偏聚,且偏聚量适中,B 提高淬透性的作用得到充分发挥[79]。保温时间过短,由于奥氏体化时间比较短,尚存在一些未转化的铁素体,造成抗拉强度较低;保温时间延长后,由于奥氏体晶粒粗大,造成淬火后获得的马氏体比较粗大,使抗拉强度下降,因此,为顺利实现淬火,应保证足够的保温时间,以便全部组织转变为奥氏体,且晶粒不至过于粗大[25]。

3. 加热速度

钢的加热速度越快,则过热度越大,奥氏体的实际形成温度越高,形核率和长大速度也越大,相应的奥氏体起始晶粒度就越大,但大角度晶界比例却随着加热速度的增加而降低;钢的抗拉强度和屈服强度均随着加热速度的升高而提高,但其延伸率却有一定的下降[80]。

4. 冷却速率

当冷却速率过低时,钢中硼相会沿晶界连续析出,而会降低硼钢板的淬透性。变形后冷却速率比较低,B 以平衡偏聚为主,偏聚量较少;当冷却速率适当提高后,则以非平衡偏聚为主,此时偏聚程度随冷却速率的加快而减少,延伸率也得到一定程度的提高[79]。冷却速率不同,硼钢板中发生的相变会有很大的差别,从大冷却速率下发生的马氏体相变,中等冷却速率下的贝氏体相变到小冷却速率下的铁素体相变,最终得到的材料力学性能也将有很大的差别。

5. 变形温度

变形温度对材料变形抗力的影响非常明显,变形抗力随着变形温度的提高而下降。在实际的热变形过程中,绝大多数变形功转化成热量,这将直接影响其塑性变形行为和材料的相变、动态回复及动态再结晶等[81]。

6. 应变速率

由于硼钢板是正应变速率敏感材料在一定的变形温度下,变形抗力随着应变速率的提高而增加。当应变速率很大时,塑性变形不能在变形体内充分地扩展和完成,而弹性变形仅是原子离开其平衡位置,增大或缩小其原子间距,因此当变形速率很大时就会更多地表现为弹性变形,根据胡克定律,弹性变形量越大,应力越大,亦即材料的变形抗力越大。在常温下,滑移面上位错运行受阻,产生塞积现象,滑移不能进行,但在高温条件下,热激活的存在就有可能使滑移面上塞积的位错进行攀移,形成小角度晶界,即高温回复阶段的多边化,从而使金属材料软化,使滑移可以继续进行[82]。

7. 变形量

金属的位错密度随着变形程度的增加而不断提高,以致出现硬化现象。但随着变形量的进一步增加,在变形过程中出现动态回复和再结晶现象,软化作用逐渐增加,变形抗力的增加变得缓和。

2.2　微观层面的力学性能影响因素分析

从微观层面考虑,影响硼钢板最终力学性能的因素很多,主要有相变后的相组成及其形貌,原始奥氏体的晶粒尺寸,奥氏体化程度,位错、空位、晶界和亚晶界等晶体缺陷的存在,固溶体的存在形式和晶界处原子排列的松紧等。

1. 相变后的相组成

硼钢板在不同冷却及变形条件的作用下,可以生成包含马氏体、贝氏体及铁素体等复杂混合组织,而不同的相具有完全不同的力学性能,使得相变后的零件也直接反映出各异的力学性能。

2. 生成相的形貌

马氏体的形态多种多样,根据单元的形态和亚结构的特点来看,最主要的是板条状和片状,此外还有蝶状、薄板状和六方马氏体等[83]。马氏体转变的切变性使得晶体中产生大量位错、孪晶等亚结构。在碳质量分数小于0.3%的碳钢中,生成的马氏体基本上属于板条状(位错型),主要靠碳钉扎位错引起固溶强化;但在碳质量分数大于0.3%后,则将出现片状马氏体,这时马氏体亚结构中的孪晶将增多,而孪晶界往往是位错运动的阻碍,故孪晶的存在将引起附加的强化[83]。与片状马氏体相比,板条状马氏体在保证强度的同时具有更好的韧性[2]。

3. 奥氏体晶粒尺寸

在奥氏体成分没有改变、无外应力作用的情况下,M_s温度随着奥氏体晶粒的增大而升高,这在细晶粒时表现得更加明显[84],而M_s温度的高低直接影响淬火钢中残余奥氏体量以及淬火变形和开裂的倾向,也会影响淬火马氏体的形态和亚结构,从而影响钢的性能[83]。原始晶粒尺寸对动态再结晶也有一定影响,原始晶粒尺寸越小,铁素体越容易发生不连续动态再结晶,而且发生动态再结晶所需的临界应变量和再结晶进入稳态所需的应变量也变小[85]。奥氏体晶粒尺寸越小,相变后生成的铁素体、贝氏体和马氏体等的尺寸也越小。因此,细化奥氏体晶粒是获得低碳钢细晶强化效果、提高产品性能的关键。

4. 奥氏体化程度

细小的奥氏体化晶粒,单位体积内的界面积大,形核位置多,将促进铁素体、珠光体和贝氏体等的转变。奥氏体化温度不同,奥氏体晶粒大小不等,则过冷奥氏体的稳定性不一样。在热冲压成形工艺中,奥氏体化程度取决于加热参数的设置、加热温度的高低和保温时间的长短,进而影响淬火后材料的微观组织及成形后零件的力学性能[86]。

5. 晶体缺陷

固态金属中存在晶体缺陷,如位错、空位、晶界和亚晶界等。在缺陷周围,点阵有畸变并储存着畸变能。在固态相变时便释放出来作为相变驱动力的组成部分,因此新相一般在缺陷处优先形核以提高形核率;晶体缺陷对晶核的生长和组元扩散过程也有促进作用[83]。

6. 固溶体的存在形式

根据合金元素在钢中所形成相的晶体结构不同,合金元素形成的相可分成固溶体和金属化合物。按照溶质原子在晶格中所占位置的不同分为置换固溶体和间隙固溶体。固溶体的形成会造成溶质原子周围局部范围内的晶格畸变,使合金钢在塑性变形时位错移动的阻力增加,提高材料的强度,但由于阻碍了发生塑性变形位错的移动,将导致塑性和韧性的降低。当间隙相金属化合物尺寸较小并分散于原基体时,就会成为钢中的第二相粒子,从强化机制可以看出,由于对晶界的钉扎作用和对位错的阻止作用,它的形成有利于晶粒细化和强度的提高。但如果间隙相过多的偏聚在一起,形成尺寸较大的间隙相或者间隙化合物,就会成为夹杂物,破坏晶粒的完整性并导致缺陷的产生,从而影响合金钢的力学性能。

7. 晶界处原子排列的松紧

晶界处原子排列松散为马氏体切变形核而产生的体积变化和产生的应变能提供了空间,有利于使马氏体在晶界处优先形核。

2.3　宏观及微观层面力学性能影响因素的重要性分析

1. 宏观层面力学性能影响因素的重要性分析

本文所用硼钢板 22MnB5 的化学元素如表 2-1 所示,化学元素为材料所固有。因此,在本研究过程中不考虑化学元素对热冲压过程中相变及其力学行为等的影响。

表 2-1　硼钢板 22MnB5 的化学元素

化学元素	C	Mn	P	S	Si	Al	Ti	B	Cr
wt%	0.200	1.250	0.017	0.003	0.230	0.036	0.039	0.003 7	0.190

实际上,工艺参数是影响相变的决定性因素,由于本文主要研究控性及力学行为问题,不涉及保压阶段及由开模变形导致的尺寸控制与回弹等方面,故主要研究奥氏体化温度、保温时间、冷却速率、应变速率、应变量和变形温度等工艺参数。

根据 2.1.2 的分析结果,在工艺参数中,各因素对材料力学性能的影响主要分为冷却路径和变形参数。因此,严格控制成形过程中的温度变化和应力状态对超高强度硼钢板的热冲压成形工艺来说是非常重要的[86]。

2. 微观层面力学性能影响因素的重要性分析

相变后的相组成直接决定材料的强度和硬度等级,因此,相组成是决定硼钢板最终性能的首要因素。奥氏体的晶粒尺寸决定了相变后组织的晶粒尺寸,而晶粒尺寸又与强度、硬度等力学性能息息相关,因此,原始奥氏体的晶粒尺寸也是一个非常重要的影响因素。

本研究所用硼钢板碳的质量分数小于 0.3%,故生成的马氏体基本都呈板条状,因此,不需要考虑马氏体形貌对成形性能及力学性能等的影响。晶体缺陷、固溶体的存在形式及晶界处原子排列的松紧等因素在本文中也不涉及,并假设本文所用硼钢板的晶体缺陷、固溶体的存在形式及晶界处原子排列的松紧等在不同试验中均相同。此外,微观组织中可能会存在一定量的残余奥氏体,但考虑到其在硼钢板中的稳定性,残余奥氏体在本文的研究中也不予考虑。

因此,从微观层面来说,本文主要从相组成和晶粒尺寸两方面研究硼钢板工艺参数、微观组织、成形性能和力学行为间的相互关系和内在机理。

2.4　本　章　小　结

基于上述分析结果,本章得出的结论如下:

(1) 从宏观层面上来说,本文主要从冷却和变形两个方面研究其对硼钢板组织演变及与力学行为的影响。

(2) 从微观层面上来说,本文主要从相组成和晶粒尺寸两个方面研究其对硼钢板力学行为的影响。

第3章

硼钢板热冲压成形中的相变过程及组织演变机理

硼钢板的相变过程及演化结果决定了其微观组织,而微观组织的控制是实现力学性能梯度的关键。因此,需对硼钢板的组织演变机理进行研究,并考虑变形等对相变过程的影响,从而建立能够描述不同工艺参数条件下相变演化特点的硼钢板相变动力学方程,为实现基于工艺参数的相组成控制提供理论支持。

3.1 硼钢板热膨胀及高温单拉试验

3.1.1 硼钢板热膨胀试验

为了研究冷却路径对硼钢板相变的影响,进行了考虑不同冷却速率及保温温度的热膨胀试验。热膨胀试验是研究钢材固态相变的最有效的技术手段之一,它通过实时测量试样尺寸随温度的变化来监控其相变情况[87]。该试验所用仪器为DIL805高温相变仪。硼钢板试样的尺寸为1.4 mm×5 mm×10 mm,其中1.4 mm为硼钢板的板材厚度,10 mm为沿着轧制方向切取的长度,试样通过线切割切取。将直径为0.2 mm

的热电偶焊接在尺寸为 5 mm×10 mm 的平面中央,记录并通过反馈控制试样的温度。

　　虽然不同钢厂生产的硼钢板的化学元素有一定的不同,但硼钢板总体的相变规律和趋势都是基本一致的[2]。为了全面地研究从奥氏体到马氏体、贝氏体及铁素体的相变过程,根据 Turetta 提出的 CCT 图[88],分别选择了 50℃/s,10℃/s 和 2℃/s 的冷却速率。试验过程中,试样以 15℃/s 的加热速率加热到 900℃,并保温 5 min 使奥氏体组织均匀化,随后分别以 50℃/s,10℃/s 和 2℃/s 的冷却速率降温至室温。

　　为了研究不同的保温温度对硼钢板相变的影响,根据马氏体、贝氏体及铁素体相变的不同温度范围选择了不同冷却速率下的多种保温温度。冷却速率为 2℃/s 时,保温温度分别选择 800℃,750℃,700℃,650℃ 和 600℃;冷却速率为 10℃/s 时,保温温度分别选择 800℃,700℃,600℃,550℃,450℃,350℃,300℃ 和 200℃;冷却速率为 50℃/s 时,保温温度分别选择 500℃,400℃,300℃,250℃ 和 200℃。全部试样均在保温温度停留 5 min。保温阶段完成后,试样继续以保温前的冷却速率淬火到室温。

　　为了确定不同冷却路径热处理后硼钢板试样的微观组织,从热膨胀试样的中部切取小试样,进行了金相及硬度试验。切取 2 mm×2 mm 的小块并使用环氧树脂镶样后,分别用 500 目、1 200 目和 2 000 目的砂纸进行打磨,随后分别用 3 μm 和 1 μm 颗粒大小的金刚石研磨膏进行抛光。用 4% 浓度的硝酸酒精进行腐蚀后通过 Neophot30 光学显微镜观察获得试样的微观组织。用 MH‐3 显微硬度计测量试样的维氏硬度(HV),载荷为 0.2 kg,在厚度方向上随机选取 3 个位置测量硬度,取其平均值作为最终的结果。

3.1.2 硼钢板高温单拉试验

高温单拉试验在 Gleeble 3800 试验机上完成,试验机如图 3-1 所示。

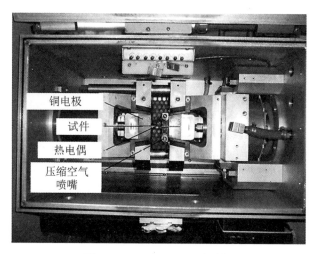

铜电极
试件
热电偶
压缩空气
喷嘴

图 3-1 Gleeble 3800 试验机

试件按照《金属材料高温拉伸试验标准》(GB/T 4338—1995)制作,试件尺寸如图 3-2 所示。本试验取板材轧制方向为试件长度方向,试件所用硼钢板的厚度为 1.8 mm。

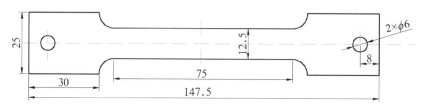

图 3-2 高温拉伸试件尺寸(单位:mm)

试验过程中,先将硼钢板试件以 15 ℃/s 的加热速率加热到 900 ℃后保温 5 min。将试件按表 3-1 中给出的参数降温并变形。试件冷却到开始变形温度后在该温度下等温拉伸,变形结束后试件以设定的冷却速率继续降温至室温,试验过程如图 3-3 所示。

表 3-1　高温拉伸工艺参数

冷却速率(℃/s)	变形温度(℃)	应变速率(s⁻¹)	应变量
2	750	0.01	0.15
2	700	0.1	0.15
10	700	0.1	0.08
20	700	0.1	0.08
20	700	0.01	0.15
30	900	0.1	0.12
30	850	0.06	0.05
30	850	0.06	0.21
30	800	0.1	0.12
30	800	0.5	0.12
30	800	0.5	0.3
30	700	0.5	0.12
30	650	0.1	0.06
30	650	0.1	0.12
30	600	0.5	0.12
30	600	0.5	0.3
30	500	0.1	0.12

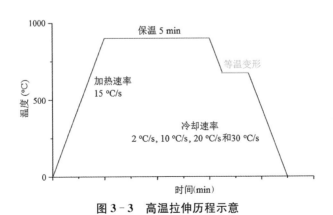

图 3-3　高温拉伸历程示意

3.2 冷却路径对硼钢板相变的影响研究

3.2.1 获得相变开始及结束温度的切线法的提出

材料在发生相变时,将从面心立方晶体(FCC)的奥氏体转变为体心立方晶体(BCC)的铁素体、贝氏体或马氏体,这种晶格结构的改变将导致试样的体积变化[90]。相较于其他几种相,在同样的温度下,奥氏体的比容最小[90],当发生相变时,热膨胀(DIL)曲线上会出现相应的波动,波动的起始点和结束点即表示相变的开始和结束温度,结合材料的热胀冷缩效应和相变膨胀,相应的相变膨胀量也可以在 DIL 曲线获得。因为相变的开始和结束温度等都是通过在 DIL 曲线上做切线后获得,故将该处理方法定义为切线法。

切线法如图 3 - 4 所示,图中曲线是冷却速率为 10℃/s 并在 350℃保温 5 min 时硼钢板试样的热膨胀试验结果。DIL 曲线可以分割成多个线性和非线性段。当试样从 900℃降温时,材料处于纯奥氏体状态(线性段拟合为切线 a),当 730℃左右铁素体出现后,曲线的斜率随着试样温度的降低而减小,这说明了铁素体相变的开始,一定量的奥氏体已转变为铁素体。当温度进一步降低到 640℃左右时,试样的长度变化量和温度又变为线性相关(线性段拟合为切线 b),即试样中奥氏体和铁素体的含量保持不变,试样随着温度的降低而线性收缩直到贝氏体相变开始。随着温度的进一步降低,曲线的斜率也再次减小,即奥氏体开始向贝氏体转变。温度低于 440℃后,随着贝氏体相变的结束,DIL 曲线再次恢复线性(线性段拟合为切线 c)。当温度降低到 400℃左右时,DIL曲线变为非线性,标志着马氏体相变的开始。随后,温度降低到 350℃并在此温度保温,从图 3 - 4 中可以看出,马氏体相变在此保温阶段

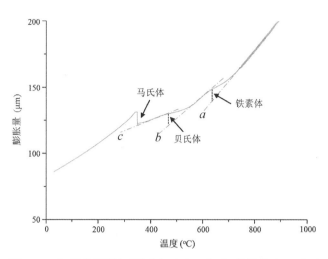

图 3 - 4　切线法说明(试样冷却速率 10℃/s,保温温度 350℃)

结束。

相变结束温度处切线与 DIL 曲线的 y 轴坐标的差值即该相变导致的相变膨胀量。但是相变是在不同的温度下发生的,因此需要将不同温度时的膨胀量转换到统一的单位下。如图 3-5 所示,铁素体、贝氏体及马氏体相变的膨胀量分别是 $L_F = 6.3\ \mu m$,$L_B = 4.4\ \mu m$ 和 $L_M = 9.0\ \mu m$。根据图 3-5 可知,发生单一相变时,铁素体、贝氏体及马氏体的相变膨胀量分别是 $L_F(total) = 40.2\ \mu m$,$L_B(total) = 32.8\ \mu m$ 和 $L_M(total) = 58.4\ \mu m$。因此,将贝氏体的膨胀量转换为以铁素体表示的统一单位时,可表述为 $L'_B/L_B = L_B(total)/L_F(total)$,转换后的贝氏体膨胀量为 $L'_B = 3.6\ \mu m$。同样的,将马氏体的膨胀量转换为以铁素体表示的统一单位时,可表述为 $L'_M/L_M = L_M(total)/L_F(total)$,转换后的马氏体膨胀量为 $L'_M = 13.1\ \mu m$。冷却速率 10℃/s,保温温度 350℃ 的冷却路径下,铁素体、贝氏体及马氏体的比例为 $L_F：L'_B：L'_M = 6.3：3.6：13.1$,即该冷却路径下的相组成为 27% 的铁素体、16% 的贝氏体和 57% 的马氏体。其他条件下的相组成也可以通过该

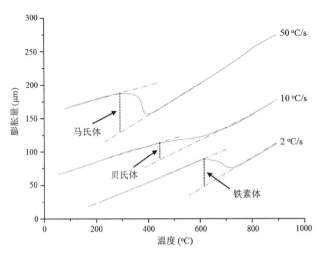

图 3-5 冷却速率分别为 50℃/s,10℃/s 和 2℃/s 时硼钢板的 DIL 曲线

切线法确定。

3.2.2 冷却速率对硼钢板相变的影响

不同冷却速率下硼钢板试件长度方向上的变化量如图 3-5 所示。相变的开始和结束温度对设计热冲压工艺参数有很重要的作用。当试件以 2℃/s 的冷却速率从 900℃直接淬火至室温时,DIL 曲线上的波动发生在 720℃及 619℃之间。根据相变的温度范围[88],该波动可以确定为奥氏体向铁素体的转变,即铁素体相变开始温度(F_s)为 720℃,结束温度(F_f)为 619℃;相应的相变膨胀量为 40.2 μm。当冷却速率为 10℃/s 时发生贝氏体相变,贝氏体相变开始温度(B_s)为 660℃,结束温度(B_f)为 466℃;相应的相变膨胀量为 32.8 μm。当冷却速率为 50℃/s 时则发生马氏体相变,马氏体相变开始温度(M_s)为 391℃,结束温度(M_f)为 315℃;相应的相变膨胀量为 58.4 μm。

当试样从 900℃开始降温,奥氏体处于过冷状态,其自由能高于其他相。因此,当奥氏体向其他相转变时,系统的自由能降低[91]。铁素体相变是扩散型相变,相变时碳原子不断地从铁素体转移到奥氏体,因此,相变速度相对较慢[92]。由于存在碳原子扩散的需要,铁素体相变只能在较高的温度和较低的冷却速率下进行。马氏体是在富碳奥氏体中生成的,可以在很短的时间内继承原奥氏体的碳原子[93]。由于马氏体相变不依赖原子的扩散,因此可以在较低的温度和较高的冷却速率下进行。根据相变类型和原子的扩散速度,贝氏体相变的温度范围和冷却速率介于铁素体和马氏体之间。

Dommarco 等人[94]测得铁素体的硬度为 198 HV$_{0.2}$,贝氏体和马氏体的维氏硬度可以通过 Åkerström 和 Oldenburg[95]建立的公式计算获得:

$$HV_B = 259.4 - 254.7C + 4\,834.1C^2 \qquad (3-1)$$

$$HV_M = 181.1 + 2\,031.9C - 1\,940.1C^2 \qquad (3-2)$$

式中,下标 B 和 M 分别表示贝氏体及马氏体;C 表示碳元素含量(wt%)。由于所用硼钢板 22MnB5 的碳元素含量为 0.2wt%,贝氏体及马氏体维氏硬度的理论值分别为 402 和 510。

根据硬度测试结果,经冷却速率 2℃/s,10℃/s 和 50℃/s 分别淬火处理后硼钢板 HV$_{0.2}$的平均硬度分别为 198、400 和 513。试验结果与理论值吻合较好,即可以确认在以上冷却速率下硼钢板发生的相变分别为铁素体、贝氏体及马氏体相变,相应的金相结果如图 3-6 所示。

根据冷却速率和硼钢板铁素体的相变开始温度,铁素体在淬火冷却开始 90 s 后生成(全部热处理过程的 450 s 后,淬火开始在全部热处理过程的第 360 s),相变过程持续约 50 s;贝氏体在淬火冷却开始 24 s 后生成,相变过程持续约 15 s;而马氏体在淬火冷却开始 10.2 s 后生成,相变过程持续约 1.5 s。

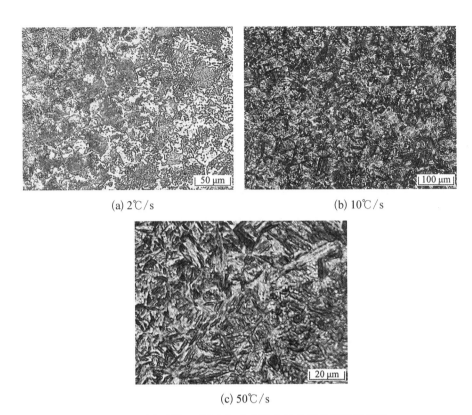

(a) 2℃/s　　　　　　　　　　　　　(b) 10℃/s

(c) 50℃/s

图 3‐6　硼钢板经不同冷却速率淬火处理后获得微观组织

对于基于力学性能梯度的硼钢板热冲压成形,淬火阶段的控制是十分关键的。例如,热冲压零件的高强度区域主要由马氏体组成,低强度区域则由铁素体和贝氏体组成。将成形过程中只发生一种相变的情况进行比较,马氏体相变结束时铁素体和贝氏体相变还没有开始,单一铁素体或贝氏体组织需要的淬火时间较长,因此单一相的组织不推荐用于低强度区域,并且单一相的组织很难满足力学性能梯度零件的多样化要求。相应的,通过控制冷却路径获得多相混合的微观组织则具有很强的实用性。

3.2.3　保温温度对硼钢板相变的影响

冷却速率 2℃/s 并在不同温度保温时,硼钢板的 DIL 曲线如

图 3 - 7 所示。当试样在 800℃ 保温时，F_s 和 F_f 分别为 711℃ 和 595℃；试样在 750℃ 保温时，相变在保温阶段开始，620℃ 时完成；当试样在 700℃，650℃ 和 600℃ 保温时，对应的相变开始温度分别是 716℃，697℃ 和 702℃。因此，铁素体相变的 F_s 和 F_f 与冷却路径相关，并受到冷却速率和保温温度等的影响。在固定冷却速率的工艺条件下，保温温度是影响相变的一个重要因素。由于铁素体中碳的溶解度明显低于奥氏体，相变时必然存在碳扩散的过程[93]，并且铁素体的生长速度也普遍认为受到碳扩散的影响[96]。因此，在不同温度保温时，相变的 F_s 和 F_f 由于不同温度下碳元素的扩散能力的差异而不同。

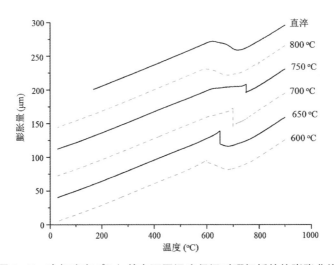

图 3 - 7　冷却速率 2℃/s 并在不同温度保温时硼钢板的热膨胀曲线

冷却速率 2℃/s 时，不同温度时的保温对硼钢板试样的硬度基本没有影响，硬度均保持在 200 $HV_{0.2}$ 左右，如图 3 - 8 所示。这说明冷却速率为 2℃/s 时，奥氏体向铁素体的转变不受保温温度的影响，该结论可以通过试样的微观组织进一步进行验证，如图 3 - 9 所示。

冷却速率 2℃/s 时，尽管硼钢板试样在不同温度保温时，铁素体相

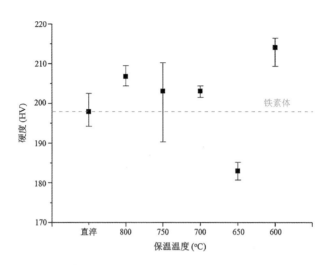

图 3 - 8 冷却速率 2℃/s 时不同冷却路径热处理后硼钢板试样的维氏硬度 HV_{0.2}

变的温度范围和相变所需的时间有一定的不同,如图 3 - 10 所示。当试样在 750℃保温时,相变主要在保温阶段完成,相变过程花费了 365 s。当试样在 700℃保温时,相变持续了约 80 s,而在其他冷却路径下,相变只需约 50 s。这说明等温条件下的铁素体相变速度明显低于连续降温条件。为了加快实际热冲压生产中铁素体的相变速度,必须保证零件在成形过程中的连续降温条件。

冷却速率 50℃/s 并在不同温度保温(500℃,400℃,300℃,250℃和 200℃)时硼钢板的热膨胀曲线如图 3 - 11 所示。当试样在 500℃和 400℃保温时,相变均在保温阶段开始并完成。当硼钢板试样在 300℃,250℃和 200℃保温时,相变均在 390℃左右开始,310℃左右开始。根据贝氏体和马氏体相变的温度范围[97],当试样在低于 300℃的温度保温时,可以确定只发生马氏体相变;但当试样在 500℃和 400℃保温时,还需要通过硬度和微观组织分析进一步确定发生的相变类型。

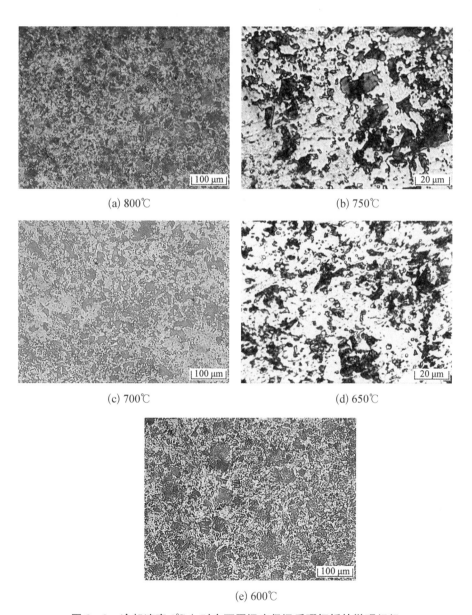

(a) 800℃ 　　　　　　　　　　 (b) 750℃

(c) 700℃ 　　　　　　　　　　 (d) 650℃

(e) 600℃

图 3 - 9 　冷却速率 2℃/s 时在不同温度保温后硼钢板的微观组织

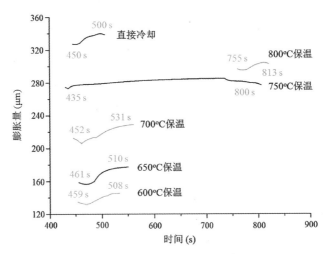

图 3－10 冷却速率 2℃/s 时不同保温温度下硼钢板相变所需的时间

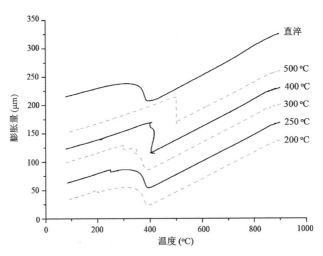

图 3－11 冷却速率 50℃/s 并在不同温度保温时硼钢板的热膨胀曲线

相应的硬度和微观组织分别如图 3－12 和图 3－13 所示。当硼钢板试样以 50℃/s 冷却速率降温并在 500℃ 保温时发生贝氏体相变；当试样在 400℃ 保温时则发生马氏体相变。根据已获得的 B_s、B_f、M_s 和 M_f，保温温度 500℃ 更接近 B_f，并且在等温条件下贝氏体相变也比马氏体相变更容易发生[98];而保温温度为 400℃时则更接近 M_f,因此发生马氏体相变。

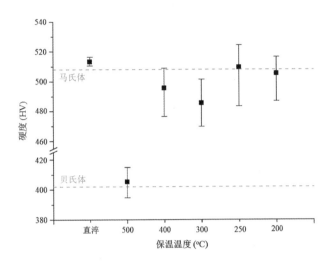

图 3-12　冷却速率 50℃/s 时不同冷却路径热处理后硼钢板
试样的维氏硬度 $HV_{0.2}$

　　由于极快的冷却速率和较高的相变速度,马氏体相变一般只需 1.5 s 左右,如图 3-14 所示。马氏体相变是非扩散型的,只能在连续冷却条件下进行[99]。但是当试样以 50℃/s 的冷却速率冷却时,试样外表面降温到保温温度后,内部温度仍高于指定温度。试样内部的热能逐渐传递到外部,造成了一个实际上的降温过程。在 400℃保温时,试样的实际冷却速率小于 50℃/s,相变过程花费了约 11 s。因此在马氏体相变范围内降低冷却速率可以降低马氏体相变的结束温度。这和 Nikravesh 等人[100]的发现相符,无论变形与否,当最终相只有马氏体时,M_s 和 M_f 都随着冷却速率的减小而降低。试样在 500℃保温时发生的贝氏体相变持续了约 30 s,比连续降温阶段发生的贝氏体相变多用了约 15 s。类似的,较高冷却速率时的铁素体相变速度也快于低冷却速率或等温阶段时的相变速度[101]。

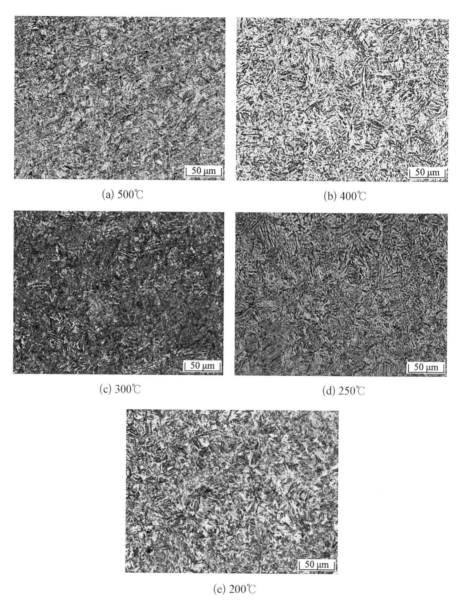

(a) 500℃   (b) 400℃

(c) 300℃   (d) 250℃

(e) 200℃

图 3-13　冷却速率 50℃/s 时在不同温度保温后硼钢板的微观组织

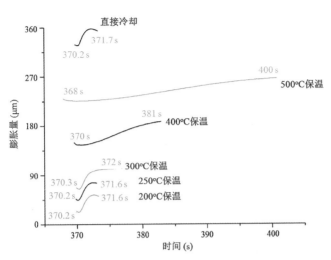

图 3 - 14　冷却速率 50℃/s 时不同保温温度下硼钢板相变所需的时间

冷却速率为 10℃/s 时,各种冷却路径下的相变都变得相当复杂,热膨胀曲线如图 3 - 15 所示。热处理后硼钢板的相组成可以通过切线法确定,具体结果如表 3 - 2 所示。当试样在 800℃保温时,相变开始和结束温度分别是 561℃和 446℃,相变过程持续了约 8.5 s,根据图 3 - 16 和图 3 - 17 所示的硬度及微观组织,此过程可以确定为贝氏体相变。相较

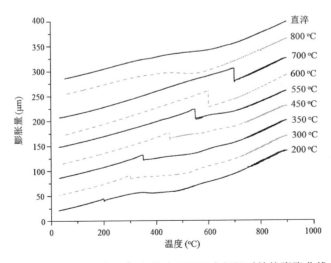

图 3 - 15　冷却速率 10℃/s 并在不同温度保温时的热膨胀曲线

与连续冷却条件下完成贝氏体相变所需的 15 s 时间,可以发现相变前的保温阶段对贝氏体相变有加速作用。当试样在 700℃保温时,相变过程 700℃开始 520℃结束,获得的相组成为 87％的铁素体和 13％的贝氏体。类似的,当试样在 600℃,550℃和 450℃保温时,相组成均为铁素体和贝氏体的混合组织。但是由于 600℃,550℃和 450℃三个温度更接近贝氏体相变的温度范围,热处理后贝氏体含量相对较高,分别为 89％,73％和 67％。因此,对铁素体和贝氏体相变来说,在接近或相变温度范围内保温将使得它们更容易生成。

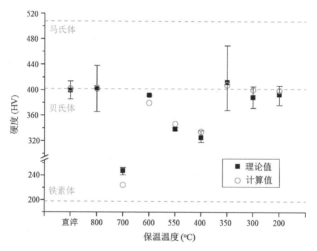

图 3-16 冷却速率 10℃/s 时不同冷却路径热处理后硼钢板
试样的维氏硬度 $HV_{0.2}$

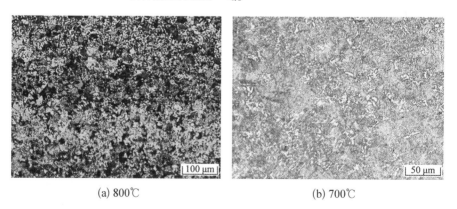

(a) 800℃   (b) 700℃

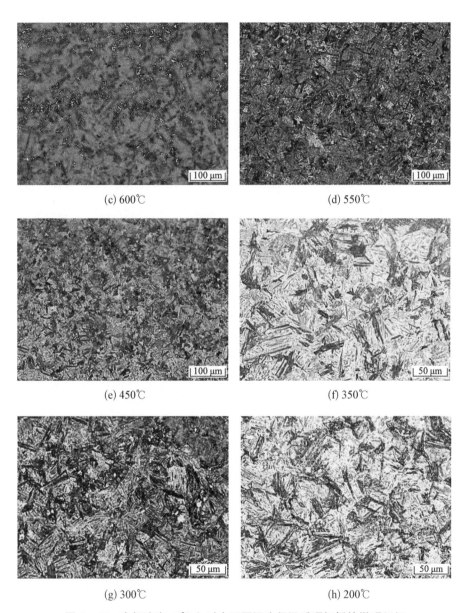

(c) 600℃

(d) 550℃

(e) 450℃

(f) 350℃

(g) 300℃

(h) 200℃

图 3‑17　冷却速率 10℃/s 时在不同温度保温后硼钢板的微观组织

表 3‐2　不同冷却路径下硼钢板的相组成

等温温度 （℃）	相组成 （2℃/s）	等温温度 （℃）	相组成 （10℃/s）	等温温度 （℃）	相组成 （50℃/s）
连续降温	F	连续降温	B	连续降温	M
800	F	800	B	500	B
750	F	700	87%F+13%B	400	M
700	F	600	11%F+89%B	300	M
650	F	550	27%F+73%B	250	M
600	F	450	33%F｜67%B	200	M
		350	27%F+16%B+57%M		
		300	28%F+20%B+52%M		
		200	28%F+21%B+51%M		

对于扩散相变来说，时间是一个非常关键的因素[92]。当硼钢板试样在700℃保温时，铁素体有足够的时间来形核和长大，故而使得铁素体成为最终组织中的优势相。当试样在贝氏体相变温度范围保温时，保温前冷却阶段生成的铁素体较少，贝氏体成为最终组织中的优势相。当试样在马氏体相变温度范围保温时，保温前冷却阶段只生成的少量的铁素体和贝氏体，而相对低温导致碳原子扩散能力的减弱使得只能发生非扩散型的马氏体相变。

当硼钢板试样在350℃，300℃和200℃保温时，铁素体、贝氏体和马氏体相变均有发生，约700℃时相变开始，整个过程结束于约315℃。由于保温温度均低于铁素体和贝氏体相变的温度范围，3种冷却路径获得的相组成十分接近，分别为27%F+16%B+57%M，28%F+20%B+52%M和28%F+21%B+51%M。其中，F、B和M分别表示铁素体、贝氏体和马氏体。

根据相含量和各相的硬度值，混合组织的硬度可以按下式计算：

$$HV = F\% \cdot 198 + B\% \cdot 402 + M\% \cdot 510 \qquad (3-3)$$

如图 3-16 所示,硼钢板热膨胀曲线的分析结果与试验值吻合较好。在生产基于力学性能梯度的热冲压零件时,10℃/s 的冷却速率配合不同的保温温度可以有效地获得不同相组成的多相混合组织。

3.3　硼钢板非扩散相变机理研究

从前面的研究可以得知,相组成及其比例可以通过工艺参数有效控制,这就需要对微观组织和工艺参数间的定量关系进行深入研究,而相变动力学方程是表征这种定量关系的一个很好的手段,在传统相变动力学方程的基础上,进一步考虑工艺参数的影响即可描述不同工艺参数条件下的组织演化,从而实现基于工艺参数的硼钢板相组成及其比例控制。

3.3.1　马氏体相变动力学理论

用能量分析的方法可以计算在不同温度相变时转变生成的马氏体量和残余奥氏体的量,奥氏体相在某温度开始转变为马氏体,冷却温度(T_q)越低,形成马氏体的驱动力越大,即 $\Delta G^{P \to M}$ 越负,形成的马氏体的体积分数(f)越大,残余奥氏体的体积分数($1-f$)则越小[102]。设单位体积母相形成的新马氏体的数目 dN 与推动力的增大成正比:

$$dN = -\varnothing d(\Delta G^{P \to M}) \qquad (3-4)$$

其中,$\varnothing$ 为比例系数。假定 $\bar{V}$ 为新形成马氏体的平均体积,dN_p 为在残余奥氏体内增加的马氏体片数,则马氏体的体积分数为:

$$df = \bar{V} dN_p = \bar{V}[(1-f)dN] \qquad (3-5)$$

根据以上两式可得：

$$\mathrm{d}f = -\bar{V}(1-f)\emptyset\left(\frac{\mathrm{d}\Delta G^{P\to M}}{\mathrm{d}T}\right)\mathrm{d}T \qquad (3-6)$$

对微分方程(3-6)求解，并设 $\left[\dfrac{\mathrm{d}\Delta G^{P\to M}}{\mathrm{d}T}\right] = -\Delta S^{P\to M}$ 不随温度而变，则

$$1-f = \exp\left[\bar{V}\emptyset\left(\frac{\mathrm{d}\Delta G^{P\to M}}{\mathrm{d}T}\right)(M_s - T_q)\right] \qquad (3-7)$$

将 $\bar{V}\emptyset\left(\dfrac{\mathrm{d}\Delta G^{P\to M}}{\mathrm{d}T}\right)$ 简化为与材料有关的常数 α，进一步可得变温马氏体的相变动力学方程为[103]：

$$1-f = \exp[\alpha(M_s - T_q)] \qquad (3-8)$$

当冷却速率为 $50℃/\mathrm{s}$ 时，硼钢板马氏体相变的 M_s 温度为 $391℃$，M_f 温度为 $315℃$，相应的 $\alpha = -0.039\,42$。

3.3.2　变形对硼钢板马氏体相变开始温度的影响

硼钢板的马氏体为变温马氏体，其相变量与时间无关，但由于奥氏体的热稳定化，相变量随温度的降低趋于缓慢直至停止。马氏体转变以切变方式进行，而切变取决于母相的强度，所以 M_s 与母相的成分、晶粒大小以及母相的形变状态相关[104]。

母相和马氏体相平衡的温度是两相自由能相等时的温度，以 T_0 表示。马氏体相变需在 T_0 以下一定的温度，即 M_s 才开始。在此温度下两相自由能差小于零，即马氏体具有较低的自由能时，母相才可能转变为马氏体，这个自由能差值称为相变驱动力。在 T_0 温度以上，属于奥氏体稳定区域，不可能发生马氏体相变；在 T_0 和 M_s 之间的区域，两相自由能差较小，积累的能量也不足以发生马氏体相变，但在变形状态下，

外加的机械驱动力可作为相变自由能差的附加部分,当叠加数值达到临界相变驱动力时,就会发生马氏体相变[104]。因此,变形会对 M_s 温度产生较大的影响。

通过处理高温单拉数据也可获得相变开始温度,具体方法与切线法类似。以冷却速率 30℃/s,保温温度 700℃,应变量 0.12,应变速率 0.5/s 的硼钢板试样为例,说明通过高温单拉曲线获得相变开始温度的方法。材料发生相变时,相变潜热会导致试样的温度发生突变,因此,通过温度对时间的导数($\mathrm{d}T/\mathrm{d}t$)突出该过程。如图 3-18 所示,$\mathrm{d}T/\mathrm{d}t$ 在 A 段与 B 段中间出现了明显的转折。在 A 段取直线段数据拟合直线,B 段也取数据拟合直线,两直线的交点即为相变开始的时间,通过试验数据,进一步查找到该时间对应的相变开始温度。相变结束温度也同样可以通过该方法获得。

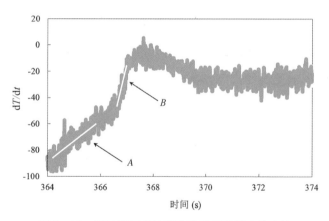

图 3-18　通过高温单拉试验确定相变温度的方法

冷却速率 30℃/s,不同变形条件时硼钢板的 M_s 温度如表 3-3 所示。无变形条件下,M_s 温度为 391℃,可以发现,M_s 温度随着变形温度的升高而提高,随着应变量的增大先提高后降低,随着应变速率的增大而降低。

表3-3　变形对硼钢板 M_s 温度的影响

序号	变形温度(℃)	应变速率(s^{-1})	应变量	M_s 温度(℃)
1	900	0.1	0.12	407
2	800	0.1	0.12	403
3	800	0.5	0.12	408
4	800	0.5	0.3	398
5	700	0.5	0.12	406.5
6	650	0.1	0.06	401
7	650	0.1	0.12	409
8	600	0.5	0.12	402
9	600	0.5	0.3	386
10	500	0.1	0.12	400

M_s 温度随着变形温度的升高而提高,这主要是因为提高变形温度可以降低材料的加工硬化率[105],这与动态回复效应相关。温度升高,位错的湮灭会加剧,导致位错的密度降低;并且材料基体也会相应软化。此外,如果在一定温度发生铁素体或贝氏体相变,也会导致该温度区间的加工硬化率降低。

材料的硬化准则一般为:

$$\sigma = K\varepsilon^n \qquad (3-9)$$

式中,σ 为应力;ε 为应变;K 为材料常数;n 为硬化指数。

加工硬化率 $d\sigma/d\varepsilon$ 则可以表示为:

$$\frac{d\sigma}{d\varepsilon} = K \cdot n \cdot \varepsilon^{n-1} = \frac{n \cdot \sigma}{\varepsilon} \qquad (3-10)$$

变形温度和应变速率对硼钢板加工硬化率的影响如图3-19所示,加工硬化率随着应变速率的增大或变形温度的降低而提高。

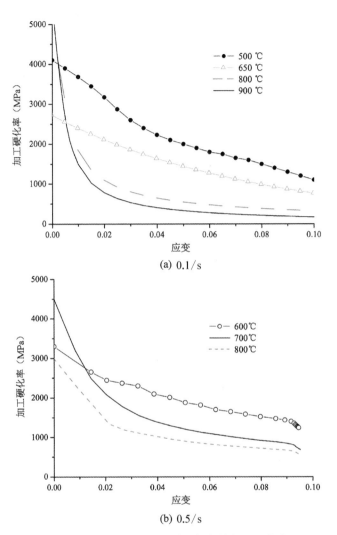

(a) 0.1/s

(b) 0.5/s

图 3‑19　应变速率不同时硼钢板的加工硬化率

　　小变形时 M_s 温度的提高可以认为是由于几何必须位错的堆积引起的，而大变形时 M_s 温度的降低则是由于亚晶的形成导致的[106]。Ashby[107]发现多晶材料单轴变形时会在晶界处产生几何必须位错的堆积，并在晶内生成随机分布的位错，这些位错在大变形时会发生重组而生成亚晶。

根据 Kaufman 等[108]的发现,马氏体核胚在高温时可能已预先存在,核胚在淬火过程中冻结直到 M_s 温度时变为超临界状态。奥氏体晶界作为优先形核位置,可以假设预先存在的核胚位于或非常接近奥氏体晶界,但一定比例的形核位置被核胚占据。取激活核胚的最小化学驱动力作为核胚的势能。核胚的势能与其尺寸、形状、取向、位错密度及位错迁移率等相关。核胚内部有一定数量的位错,其长大取决于平行位错环的产生和扩大。变形使得几何必须位错在奥氏体晶界处堆积,而有序分布的几何必须位错则可以满足平行位错环产生的条件,从而使核胚长大。因此,也可以说是几何必须位错在奥氏体晶界处的堆积提高了核胚的势能,即提高了 M_s 温度。

此外,M_s 也与马氏体板条的体积有关。一般来说,小变形时的马氏体板条的平均体积并不会受到影响。马氏体板条是包含板条束、板条块和亚板条块的分层结构,首先生成的马氏体板条可以贯穿整个奥氏体晶粒,使得原始晶粒被分割。在马氏体板条体积不变的前提下,M_s 温度随着核胚势能的提高而上升。但当变形量继续增加时,马氏体板条束被明显细化,板条的长度随着亚晶界的出现而变短;奥氏体晶界处的几何必须位错也逐渐饱和,即核胚势能的增加也逐渐饱和。几何必须位错对 M_s 温度的提高作用在某一变形量时失效,但亚晶的尺寸仍在随着应变的增大而缩小,使得马氏体板条束的平均体积不断减小。这时亚晶尺寸对 M_s 温度的影响开始占据主要地位。如图 3-20 所示,硼钢板试样在 850℃等温变形时,随着应变量的增大(从 0.05 增加到 0.21),最终获得的马氏体组织有一定的细化。因此,M_s 温度随着变形量的增大先提高后降低是几何必须位错的堆积提高 M_s、亚晶的形成降低 M_s 两种机制竞争的结果。

应变速率 0.1/s 提高到 0.5/s 时,M_s 温度逐渐降低。材料以高应变速率等温变形时将提高位错密度并产生热量。增加位错密度可以降

(a) 应变量0.05　　　　　　　　　　　(b) 应变量0.21

图 3‑20　冷却速率 30℃/s,等温变形温度 850℃ ,
不同应变量时硼钢板的微观组织

低 M_s 温度,但热量的产生则会提高 M_s 温度。因此,应变速率对 M_s 温度是由这两个因素中的主导因素决定的。M. Abbasi 等[105] 则发现应变速率从 0.1/s 提高到 1/s 时 M_s 温度随着应变速率的增大而提高,但应变速率从 1/s 提高到 10/s 时 M_s 温度随着应变速率的增大而降低。说明不同条件下,这两个因素中的优势因素不同。

3.3.3　基于高温变形参数的硼钢板马氏体相变动力学方程

传统的马氏体相变动力学方程基于 M_s 温度获得相变温度范围内不同温度下的马氏体转变量,但是 M_s 温度并不固定,受到应变速率、变形量和变形温度等高温变形参数的影响,因此,如果进一步将 M_s 温度量化为基于高温变形参数的函数,则可通过高温变形参数直接求出相应的硼钢板马氏体转变量,或根据所需的马氏体转变量反推出对应的高温变形参数,从而实现基于马氏体相比例的工艺窗口设计。

根据 3.3.2 的分析结果,应变速率对 M_s 温度的影响规律受到材料其他变形参数的影响,并且相较于应变量和变形温度,应变速率的影响相对较小,故本文在量化 M_s 温度时只考虑应变量和变形温度。

M_s 温度随着硼钢板变形温度的升高而提高，随着应变量的增大先提高后降低，因此 M_s 可以推导为基于应变量和变形温度的关系函数：

$$M_s = A_1 + A_2 \cdot (\ln(33 * \varepsilon + 50)/50 - A_3)^2 + A_4 \cdot T^{A_5}$$

(3-11)

其中，ε 为应变量，T 为变形温度（℃），$A_1 = 411.21$，$A_2 = -1\,825$，$A_3 = 0.12$，$A_4 = -4\,000\,000$，$A_5 = -2.075$。

M_s 温度试验与计算结果的比较如图 3-21 所示。

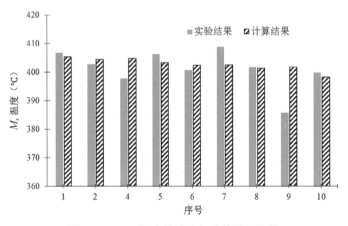

图 3-21　M_s 温度的试验与计算结果比较

将基于应变量和变形温度的 M_s 温度函数与传统的马氏体相变动力学方程相结合，进一步获得基于应变量和变形温度的硼钢板变温马氏体的相变动力学方程：

$$1 - f = \exp[\alpha(A_1 + A_2 \cdot (\ln(33 * \varepsilon + 50)/50 - A_3)^2$$
$$+ A_4 \cdot T^{A_5} - T_q)]$$

(3-12)

该马氏体相变动力学方程，在硼钢板高温变形参数确定后即可求出相应的马氏体转变量；或可根据所需的马氏体转变量反推出对应的高温变形参数。

3.4　硼钢板扩散相变机理研究

3.4.1　等温及变温相变动力学理论

1. 等温相变

对于高温母相向低温新相的转变过程,新相形核和长大速率的综合作用导致相变速度随着温度的降低先增加后减小;在低于临界相变温度的某一恒定温度下,相变速度随时间变化先增加,达到峰值后再下降[109]。Johnson-Mehl-Avrami-Kolmogorov(JMAK)模型考虑了相变过程中的形核、长大和互相碰撞这三个独立的过程,通过建立形核与长大模型,并采用碰撞模型将两者结合得到完整的相变动力学表达式。对于等温连续形核相变,新相的体积分数为[110]:

$$f = 1 - \exp\left[-Z^b \exp\left(-\frac{bQ}{RT}\right)t^b\right] = 1 - \exp(-Z \cdot t^b)$$

$$(3-13)$$

其中,f 是相变转变量;t 是时间,Z 为相变速度系数,与温度密切相关;b 是与相变类型有关的常数,在相对大的温度区间内可以看作与温度无关。等温温度不同,Z 和 b 的取值可能不同[111]。

$$Z = -\frac{\ln(1-V_1)}{t_1^b} = -\frac{\ln(1-V_2)}{t_2^b} \qquad (3-14)$$

$$b = \frac{\ln\left[\dfrac{\ln(1-f_1)}{\ln(1-f_2)}\right]}{\ln\left(\dfrac{t_1}{t_2}\right)} \qquad (3-15)$$

$$t = \left(\frac{-\ln(1-f)}{z} \right)^{\frac{1}{b}} \tag{3-16}$$

对 JMAK 模型两边取双对数：

$$b\ln t + \ln Z = \ln\left[\ln\left(\frac{1}{1-f} \right) \right] \tag{3-17}$$

发现转变量的函数 $\ln\left[\ln\left(\frac{1}{1-f} \right) \right]$ 与时间的函数 $\ln t$ 呈线性关系。

2. 变温相变

Scheil 提出的叠加原理原旨是用等温孕育期计算变温孕育期，后来推广到计算相变量。Scheil 叠加原理的数学表达式为[112]：

$$\int_0^{t_0} \frac{dt}{\tau(X_0,\ T)} = 1 \tag{3-18}$$

其中，$\tau(X_0,\ T)$ 是在温度为 T 的等温状态，t_0 是在连续冷却的条件下达到相变分数 X_0 所需的时间。

若 b 为常数，可得变温相变动力学为[111]：

$$f = 1 - \exp\left[-\left\{ \int_0^{t_0} Z^{\frac{1}{b}} dt \right\}^b \right] \tag{3-19}$$

2℃/s 的冷却速率降温，并在 750℃保温 5 min，在保温阶段发生等温铁素体相变，相变开始时间为 77.34 s，保温阶段结束时 $t = 375\ s$，$f = 0.36$，计算可得 $b = 2.5$。而 50℃/s 的冷却速率降温，并在 500℃保温时发生等温贝氏体相变，从冷却阶段开始计时，相变开始时间为 9.09 s，结束时间为 39.19 s，计算可得 $b = 4$。

3.4.2　硼钢板相变速度系数与温度的关系函数

变温相变动力学方程中贝氏体或铁素体的转变量计算主要取决

于相变速度系数 Z 值,但只有将 Z 值进一步量化为与温度相关的函数,才能实现通过计算获得相变范围内任意温度下贝氏体或铁素体实时转变量的可能性,从而为基于相组成的工艺参数设计提供基础。

通过切线法处理硼钢板连续冷却过程中任意温度下的变温铁素体相变的转变分数,结果如图 3-22 所示。图中一试件以 2℃/s 的冷却速率从 900℃直接降温至室温,另一试件在 800℃保温 5 min,保温前后均以 2℃/s 的冷却速率降温。可以发现,高温阶段的保温使得铁素体相变整体推迟。

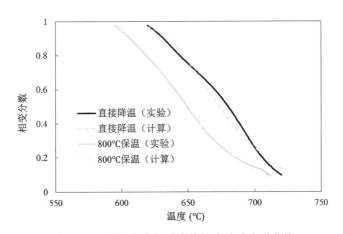

图 3-22　硼钢板变温铁素体相变的动力学曲线

硼钢板变温相变过程中相变速度系数 Z 随温度的变化如图 3-23所示,Z 值随着温度的降低而逐渐增大。根据 Z 值随温度的变化趋势,并在可加性法则的基础上,假设 Z 与温度成高斯函数关系[110]:

$$Z(T) = \exp\left[B_0 \cdot F_s + B_1(T - T_1)^2 + \frac{B_2}{T \cdot (T - F_s)^2} + B_3 \right]$$

$$(3-20)$$

其中,B_0、B_1、B_2、B_3 和 T_1 均为未知数。

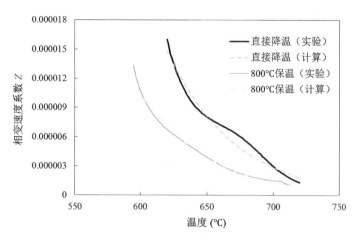

图 3‑23　硼钢板铁素体变温相变时 Z 值随温度的变化

对于硼钢板的铁素体变温相变，$Z(T)$ 可以求解为：

$$Z(T) = \exp\Big[0.083 \cdot F_s - 7.78 \cdot 10^{-6} \cdot (T+655)^2$$

$$+ \frac{70.41}{T \cdot (T-F_s)^2} - 58.2 \Big] \qquad (3\text{-}21)$$

Z 与温度的关系及相应的铁素体转变分数的计算结果均与试验值相当吻合，根据 $Z(T)$ 的假设，说明铁素体的转变分数与 F_s 温度有很明显的关系。

硼钢板连续冷却过程中任意温度下的变温贝氏体相变的转变分数如图 3‑24 所示。图中一试件以 10℃/s 的冷却速率从 900℃ 直接降温到室温，另一试件在 800℃ 保温 5 min，保温前后均以 10℃/s 的冷却速率降温。与铁素体相变相同，高温阶段的保温同样使得贝氏体相变整体推迟。

硼钢板变温相变过程中 Z 随温度的变化如图 3‑25 所示，Z 值随着温度的降低而先缓慢增大，然后急剧增大；不同条件下贝氏体变温相变 $Z(T)$ 的形状基本相同，但位置基于相变开始温度发生了平移。与铁素

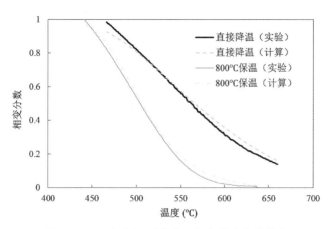

图 3‑24 硼钢板贝氏体变温相变的动力学曲线

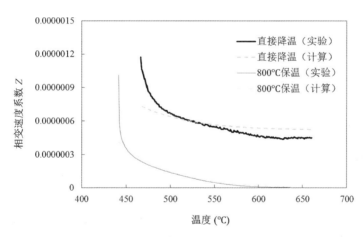

图 3‑25 硼钢板贝氏体变温相变时 Z 随温度的变化

体相变类似,在可加性法则的基础上,可将 Z 与温度的函数关系假设如下:

$$Z(T) = \exp\left[b_0 \cdot B_s + b_1(T - T_2)^2 + \frac{b_2}{T \cdot (T - B_s)^2}\right] + b_3$$

$$(3-22)$$

其中,b_0、b_1、b_2、b_3 和 T_2 均为未知数。

对于硼钢板贝氏体变温相变，$Z(T)$ 可以求解为：

$$Z(T) = \exp\left[-0.008\,4 \cdot B_s - 7.78 \cdot 10^{-6} \cdot (T+655)^2\right.$$

$$\left. + \frac{70.41}{T \cdot (T-B_s)^2}\right] + b_3 \qquad (3-23)$$

其中，无保温阶段时 $b_3 = 5.2 \times 10^{-7}$，经过 800℃ 保温后 $b_3 = 0$，说明 b_3 的取值与工艺参数相关。

Z 值与温度的关系及相应的贝氏体转变分数的计算结果与试验值吻合较好，根据 $Z(T)$ 的假设，同样说明贝氏体的转变分数与 B_s 温度有很强的关系。

根据建立的硼钢板铁素体和贝氏体变温相变的动力学方程，可以获得相变温度范围内任意温度时的实时转变量，从而在获得所需的铁素体或贝氏体含量后，即可在相应的温度改变工艺参数以获得其他组织。

3.4.3 工艺参数对硼钢板铁素体及贝氏体相变开始温度的影响

当冷却速率一定时，铁素体及贝氏体的转变分数与时间和相变开始温度密切相关。由于热膨胀试验仪自身功能的限制，试验过程中只能改变温度历程而不能施加外力，为了进一步分析变形对硼钢板扩散相变的相变开始温度的影响，以硼钢板高温单拉试验为手段建立工艺参数与相变开始温度之间的关系。

无变形条件下的保温温度，变形条件下的变形温度、应变速率和应变量对硼钢板 F_s 温度和 B_s 温度的影响分别如表 3-4 和表 3-5 所示。可以发现，在高温阶段保温或变形，都极易发生铁素体相变，说明铁素体相变极易触发。即使以极大的冷却速率冷却，在贝氏体相变温度区间内保温一定时间也会发生贝氏体相变；在高温阶段保温会降低 B_s 温度；应力和变形也促发贝氏体相变,主要表现在 B_s 温度的升高[109];此外,B_s 温度随着冷却速率的增大有一定的减小。

表 3－4　不同变形条件下的硼钢板 F_s 温度

冷却速率 (℃/s)	保温/变形温度 (℃)	应变速率 (s^{-1})	应变量	F_s 温度 (℃)
2	—	—	—	720
2	800	—	—	711
2	750	—	—	750
2	750	0.01	0.15	750
2	700	0.1	0.15	700
10	700	—	—	700
10	700	0.1	0.08	700
20	700	0.1	0.08	700
9	600	0.5	0.3	386
10	500	0.1	0.12	400

表 3－5　不同变形条件下的硼钢板 B_s 温度

冷却速率 (℃/s)	保温/变形温度 (℃)	应变速率 (s^{-1})	应变量	B_s 温度 (℃)
10	—	—	—	660
10	800	—	—	636
10	700	—	—	664(先生成部分 F)
20	700	0.1	0.08	664(先生成部分 F)
20	500	0.1	0.15	624
50	500	—	—	500

如图 3－26 所示,随着变形的引入,铁素体发生形变强化相变,硼钢板晶粒明显细化。图 3－27 则是不同变形条件下硼钢板中生成的贝氏体。

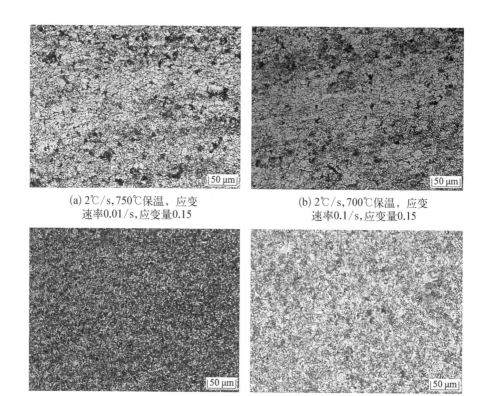

(a) 2℃/s,750℃保温，应变
速率0.01/s,应变量0.15

(b) 2℃/s,700℃保温，应变
速率0.1/s,应变量0.15

(c) 10℃/s,700℃保温，应变
速率0.1/s,应变量0.08

(d) 20℃/s,700℃保温，应变
速率0.01/s,应变量0.15

图 3‐26　不同变形条件下生成的铁素体

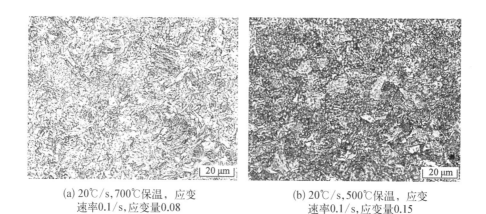

(a) 20℃/s,700℃保温，应变
速率0.1/s,应变量0.08

(b) 20℃/s,500℃保温，应变
速率0.1/s,应变量0.15

图 3‐27　不同变形条件下生成的贝氏体

3.5　本　章　小　结

基于试验和理论分析,本章研究了硼钢板热冲压成形中冷却路径和变形参数等对组织演变及相变结果的影响,结合扩散相变和非扩散相变的动力学理论,分别得出了硼钢板两种相变类型的动力学方程,并针对扩散和非扩散相变各自的特点,研究了工艺参数对两种类型相变的影响规律,从而实现了基于相组成的工艺窗口设计。得出的结论如下:

(1) 铁素体相变最易发生,只要满足冷却速率,相变过程将不受等温温度的影响;即使冷却速率较大,在铁素体相变温度区间内等温变形时也极易发生铁素体相变。为了确保发生贝氏体相变和马氏体相变,合理选择的冷却速率和变形温度是必需的。不同铁素体、贝氏体和马氏体比例的微观组织可以直接通过控制冷却路径获得。考虑到不同相变的持续时间和相变后产物的力学性能,多相的混合组织比单相组织更具实用性。

(2) 根据马氏体相变的非扩散相变机理,马氏体相变的转变量主要取决于相变开始温度。分析了变形对非扩散相变相变开始温度的影响规律:小变形时 M_s 温度的提高可以认为是由于几何必须位错的堆积引起的,而大变形时 M_s 温度的降低则是由于亚晶的形成导致的。M_s 温度随着变形温度的升高而提高,这主要是因为提高变形温度可以降低加工硬化率。此外,还进一步建立了基于应变量和变形温度的硼钢板变温马氏体的相变动力学方程。根据该马氏体相变动力学方程,在高温变形参数确定后即可求出相应的马氏体转变量;或可根据所需的马氏体转变量反推出对应的高温变形参数。

(3) 基于扩散相变的等温及变温相变理论,建立了基于相变速度系

数 Z 值的变温条件下的硼钢板铁素体和贝氏体相变的动力学方程。由于铁素体和贝氏体相变的转变分数均与相变开始温度有明显相关性,分别进一步建立了相变速度系数 Z 值与铁素体和贝氏体相变开始温度的高斯函数关系,并分析了保温温度、变形时的应变速率、应变量和变形温度等对硼钢板 F_s 温度和 B_s 温度的影响规律。根据建立的铁素体和贝氏体变温相变的动力学方程,可获得相变范围内任意温度时的实时转变量,从而在获得所需的铁素体或贝氏体含量后,即可在相应的温度改变工艺参数以获得其他组织。

第 *4* 章

基于硼钢板高温成形性能的微观组织约束研究

　　硼钢板热冲压零件的微观组织主要由工艺参数决定,但工艺参数的选择受制于硼钢板的高温成形性能,故只有在保证零件可制造性的前提下,才可以通过工艺参数的选择进一步实现其微观组织演变和力学行为的控制。因此,本章通过硼钢板高温成形性能与微观组织间的关系研究,提出基于成形性能的微观组织约束条件,从而确保零件的可制造性,并为基于力学行为的微观组织控制和工艺参数选择提供基础。

4.1　硼钢板高温胀形及拉伸试验

4.1.1　硼钢板高温胀形试验

　　成形极限图(FLD)可以通过胀形试验获得[113]。高温胀形试验的设备主要由加热电炉、液压设备和冲压模具组成。冲压模具为刚性半球胀形单动模具,采用弹簧压边方式,半球直径 100 mm,最大可成形高度 50 mm,由半球形凸模、凹模和压边圈,及覆于凸模之上的 0.1 mm 厚的石棉纸组成。石棉纸用于在热冲压过程中阻止高温板料和低温模具之间的传热,减少试验过程中的板料降温,使其接近于等温成形。冲压模具在压机上的安装情况及成形部位的具体尺寸如图 4-1 所示。

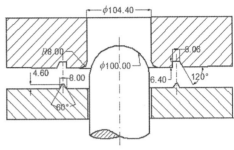

(a) 成形极限试验模具   (b) 成形部位的具体尺寸(单位:mm)

图 4-1 模具安装情况及成形部位尺寸

板料分别选用厚度为 1.8 mm,1.6 mm 和 1.4 mm 三种厚度的硼钢板。试件形状及尺寸均按照(GB/T 15825.8—1995)标准制作。试样外形为矩形,长度均为 180 mm,中间宽度分别取 20 mm,40 mm,60 mm,80 mm,100 mm,120 mm,140 mm,160 mm 和 180 mm 共 9 种,冲压前后试件如图 4-2 所示。随着宽度从 20 mm 增加到 180 mm,应变状态实现了从单向拉伸到平面应变到双向拉伸的渐变。试验采用坐标网格应变分析方法,通过在试件表面制作网格来测量应变大小,故采用激光蚀

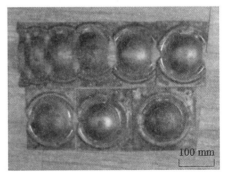

(a) 冲压前   (b) 冲压后

图 4-2 冲压前后的硼钢板试件(板料厚度 1.6 mm)

刻法[114]在试件表面印制 $\phi2.5$ mm 的圆网格,网格圆心距 3 mm。

试验过程中,首先在电炉中将试件加热到 900℃,保温 5 min 获得均匀的奥氏体组织[39]。随后将加热后的试件通过火钳夹持人工转移到模具,火钳头部缠绕多层石棉纸,尽可能降低夹具对板料温度的影响,并通过控制试件出炉到冲压的时间(通过空冷冷却速率试验确定)达到所需的试验温度(600℃,700℃和 800℃)。冲压速度为 30 mm/s,胀形过程需要约 1 s。

测量空冷冷却速率,将热电偶丝与试件相连接,一同放入电炉中加热,取出后通过仪器记录温度历程,通过温度与时间的关系获得其冷却速率。试验发现硼钢板在高温下的空冷速率相近,900℃到 800℃的冷却速率约为 30℃/s,800℃降温到 700℃为 20℃~25℃/s,700℃降温到 600℃为 16℃~17℃/s,故测试 800℃、700℃和 600℃的成形极限时试件出炉到冲压的时间分别取 3 s、8 s 和 14 s。

胀形后,通过激光蚀刻法印制在试件表面上直径为 d_0 的圆网格变形成长轴为 d_1、短轴为 d_2 的椭圆。变形后的网格可以分为 4 类[115]:开裂、临界(有颈缩趋势)、边缘(没有颈缩趋势,靠近临界网格)和安全,如图 4-3 所示。选取临界网格进行测量,极限应变计算:主应变 $\varepsilon_1 =$

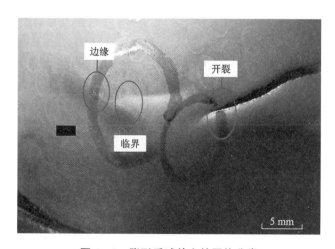

图 4-3　胀形后试件上的网格分类

$\ln(d_1/d_0)$,次应变 $\varepsilon_2 = \ln(d_2/d_0)$。

4.1.2　硼钢板高温拉伸试验

材料的成形性能除了受到零件成形时微观组织的影响,还与模具结构、热成形工艺参数等相关。因此,设计可选择压边与否的高温拉深模具,具体如图 4-4 所示。拉深试验选定厚度为 1.8 mm 的硼钢板作为研究对象,从成形温度(700℃和800℃)和加热时间(1.0 h,1.5 h,2.0 h,2.5 h 和 3.0 h)两方面来研究硼钢板微观组织与高温成形性能间的关系,并分析了变形速度(0.1 mm/s 和 0.5 mm/s)和压边力(有无压边)对硼钢板高温成形性能的影响。

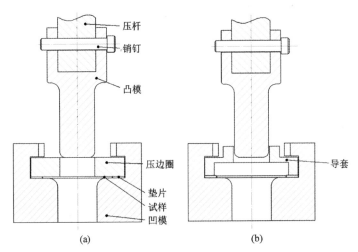

图 4-4　(a) 压边及(b) 无压边的高温拉深模具结构示意图

拉伸试验在高温环境下进行,因此,通过 JQF 1100 加热炉和 LPS. 304 MTS拉伸试验机的配合来完成试验,试验装置具体如图 4-5 所示。炉子使用电阻加热,可通过温控系统设定目标加热温度和加热时间。然而,由于加热炉功率的限制,其最大升温速率只有 15℃/min,可加热到的最高温度为 800℃。冷却系统主要用于吸收加热炉传递到压杆的热量以保护单拉机,但加热炉内部并没有冷却系统,模具和试样的冷却只能通过炉冷和空冷完成,因而,降温过程不可控,拉深试验只研究高温条件下工艺参数和微观组织对硼钢板成形性能的影响。

图 4-5　高温拉深试验装置

室温状态下,模具被安放在炉内的金属平台上,试样也放入模具中并通过根据试样直径选择的垫片定位。关上炉门后,以 15℃/min 的加热速率加热模具和试样,加热到指定温度后(800℃或 700℃)保温,加热及保温时间加在一起分别取 1.0 h,1.5 h,2.0 h,2.5 h 和 3.0 h。随后,通过压杆控制凸模以 0.5 mm/s 的速度下移到接触试样,接触压力达到100 N 即认为凸模已与板料相接触。凸模随后以设定的变形速率继续下移,直到达到规定的拉深量或变形载荷。由于加热炉没有快速冷却的功能,并且为了保护高温下电阻丝和模具的安全,不能直接打开炉门空冷,因此,只能在试样和模具随炉冷却到 500℃左右后再打开炉门。随后,试样和模具在半暴露的环境中冷却到室温。

4.2 晶体结构(相组成)对硼钢板高温成形性能的影响

4.2.1 晶体结构对硼钢板高温成形极限的影响机理

成形极限图的左侧到右侧,应变模式从单向拉伸($\varepsilon_2 < 0$)过渡到平面应变($\varepsilon_2 = 0$),并进一步到双向拉伸($\varepsilon_2 > 0$)。试验获得的三种厚度(1.4 mm,1.6 mm 和 1.8 mm)硼钢板的成形极限图如图 4-6 所示,虽然不同厚度硼钢板的成形极限存在一定的差别,但随着温度变化的趋势及规律基本相同。

800℃时硼钢板的成形极限曲线呈准线性,主应变随着次应变的增大而减小,但 600℃和 700℃时的成形极限曲线在平面应变状态最低,并随着次应变绝对值的增大而增大,呈 V 形。根据硼钢板的连续冷却转变曲线[46],空冷条件下试样在 800℃变形时没有相变发生,即微观组织均为 FCC 的奥氏体。但是试样在 600℃和 700℃变形时,不可避免的发生了从奥氏体到铁素体的相变,生成了少量的 BCC 的铁素体。这种晶体结构的差异应该是 800℃和 600℃~700℃时成形极限趋势不同的原因之一。

一般来说,对于 FCC 和 BCC 材料,成形极限图左侧的差别很小,但是右侧,BCC 材料的成形极限高于 FCC 材料[116,117],并且体心立方结构钢材的 FLC 都是 V 形的[118]。Talyan[118]分析了应变和应变速率对奥氏体不锈钢中马氏体相变的影响,发现材料包含不同比例的面心立方晶体的奥氏体和体心立方晶体的马氏体时,成形极限曲线也都呈 V 形。面心立方结构的钢材,如 301 不锈钢[119]和 AISI304 钢[120],主应变随着次应变的增大而减小。这也说明了晶体结构对成形极限的影响是不

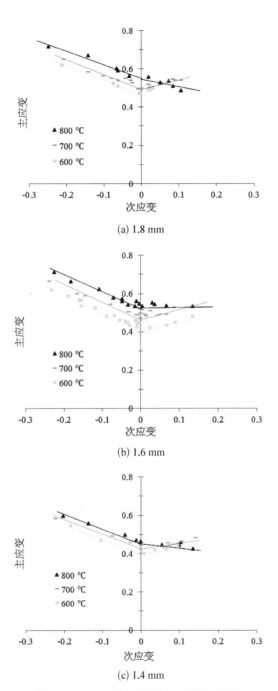

(a) 1.8 mm

(b) 1.6 mm

(c) 1.4 mm

图 4-6　三种厚度硼钢板的成形极限图

容忽视的。这可能是由于 FCC 钢屈服方程的阶数比 BCC 钢高引起的。Min[115] 成功预测了 22MnB5 硼钢板在奥氏体状态的成形极限,当屈服方程的阶数为 4 或 6 时主应变随着次应变的增大而降低,这与 2 阶的 Hill(1948)屈服准则所呈现的 V 形成鲜明对比[119]。对于 BBC2000 屈服准则来说,BCC 合金推荐使用 3 阶方程,而 FCC 合金推荐使用 4 阶方程[121]。Logan-Hosford 和 Barlat(1989)屈服准则则推荐 BCC 金属使用 6 阶方程,FCC 金属使用 8 阶方程[122]。

为了进一步验证上述的分析结果,建立基于 Oyane 韧性断裂准则和 Logan-Hosford 屈服方程的硼钢板成形极限预测模型,进一步分析屈服方程阶数对成形极限曲线的影响。

从微观角度来说,材料在大变形下会出现损伤,伴随着微观空穴的长大和聚合,直至许多空穴聚集在一起产生裂纹,引起韧性断裂,所以韧性断裂准则也是一种损伤断裂准则,Mc-Clintock、Cockcroft 和 Latham、Brozzo 等人都提出了损伤断裂准则,但这些准则均未考虑金属大变形的影响,在实际应用中有较大局限性[123]。Oyane 等则考虑到静水应力可以抑制或加速韧性破坏,不仅能定量地表示瞬时的损伤状态,更体现了加载过程中整个应力-应变历史对材料的劣化效应,从而假定韧性损伤达到一定值时破裂发生,提出了 Oyane 韧性断裂准[124]:

$$\int_0^{\bar{\varepsilon}_f}\left(\frac{\sigma_m}{\bar{\sigma}}+E\right)d\bar{\varepsilon}=H \qquad (4-1)$$

其中,$\bar{\varepsilon}_f$ 是断裂发生处的等效应变,σ_m 是静水应力,$\bar{\sigma}$ 是等效应力,$\bar{\varepsilon}$ 是等效应变,E 和 H 是材料常数。

Logan-Hosford 屈服方程可表示为[114]:

$$\emptyset=\frac{r}{1+r}(\sigma_1-\sigma_2)^s+\frac{1}{1+r}(\sigma_1^s+\sigma_2^s)=\bar{\sigma}^s \qquad (4-2)$$

其中,r 是各相异性系数,s 是大于或等于 2 且只能为偶数的屈服方程阶数。

　　根据 Drucker 公设，屈服函数 $\emptyset(\sigma_{ij})$ 是应力空间的凸函数，塑性应变增量 $d\varepsilon_{ij}$ 与屈服函数 $\emptyset(\sigma_{ij})$ 之间存在如下关系，即流动法则为：

$$d\varepsilon_{ij} = d\lambda \frac{\partial \emptyset}{\partial \sigma_{ij}} \tag{4-3}$$

其中，$d\lambda$ 为与应力、应变和变形历史有关的常数，要联系屈服条件来确定，在利用 Logan-Hosford 屈服准则时：

$$d\lambda = \frac{d\bar{\varepsilon}}{s\bar{\sigma}^{s-1}} \tag{4-4}$$

　　因此：

$$d\varepsilon_1 = \frac{d\bar{\varepsilon}}{s\bar{\sigma}^{s-1}} \times \frac{\partial \emptyset}{\partial \sigma_1} \tag{4-5}$$

$$d\varepsilon_2 = \frac{d\bar{\varepsilon}}{s\bar{\sigma}^{s-1}} \times \frac{\partial \emptyset}{\partial \sigma_2} \tag{4-6}$$

　　将式(4-2)左右两边对 σ_1 和 σ_2 求偏导，并分别代入式(4-5)和式(4-6)，可得：

$$
\begin{aligned}
d\varepsilon_1 &= \frac{d\bar{\varepsilon}\left(\dfrac{r}{1+r}s(\sigma_1-\sigma_2)^{s-1} + \dfrac{1}{1+r}s\sigma_1^{s-1}\right)}{s\left(\dfrac{r}{1+r}(\sigma_1-\sigma_2)^s + \dfrac{1}{1+r}(\sigma_1^s+\sigma_2^s)\right)^{\frac{s-1}{s}}} \\
&= \frac{d\bar{\varepsilon}(r(\sigma_1-\sigma_2)^{s-1}+\sigma_1^{s-1})}{(r(\sigma_1-\sigma_2)^s+(\sigma_1^s+\sigma_2^s))^{\frac{s-1}{s}} \cdot (1+r)^{\frac{1}{s}}}
\end{aligned}
\tag{4-7}
$$

$$
d\varepsilon_2 = \frac{d\bar{\varepsilon}\left(\dfrac{1}{1+r}s\sigma_2^{s-1} - \dfrac{r}{1+r}s(\sigma_1-\sigma_2)^{s-1}\right)}{s\left(\dfrac{r}{1+r}(\sigma_1-\sigma_2)^s + \dfrac{1}{1+r}(\sigma_1^s+\sigma_2^s)\right)^{\frac{s-1}{s}}}
$$

$$= \frac{d\bar{\varepsilon}(\sigma_2^{s-1} - r(\sigma_1 - \sigma_2)^{s-1})}{(r(\sigma_1 - \sigma_2)^s + (\sigma_1^s + \sigma_2^s))^{\frac{s-1}{s}} \cdot (1+r)^{\frac{1}{s}}} \quad (4-8)$$

基于全量理论,可得:

$$\varepsilon_1 = \bar{\varepsilon} \frac{1 + r(1-\alpha)^{s-1}}{(r(1-\alpha)^s + 1 + \alpha^s)^{\frac{s-1}{s}} \cdot (1+r)^{\frac{1}{s}}} \quad (4-9)$$

$$\varepsilon_2 = \frac{\alpha^{s-1} - r(1-\alpha)^{s-1}}{1 + r(1-\alpha)^{s-1}} \varepsilon_1 \quad (4-10)$$

其中,$\alpha = \dfrac{\sigma_2}{\sigma_1}$。

因此,基于 Oyane 韧性断裂准则和 Logan-Hosford 屈服方程的成形极限预测模型可以写为:

$$\varepsilon_1 = \frac{3C(1 + r(1-\alpha)^{s-1}) \cdot (r(1-\alpha)^s + (1+\alpha^s))^{\frac{2-s}{s}}}{((1+\alpha)(1+r)^{\frac{1}{s}} + 3A(r(1-\alpha)^s + (1+\alpha^s))^{\frac{1}{s}}) \cdot (1+r)^{\frac{1}{s}}}$$

$$(4-11)$$

$$\varepsilon_2 = \frac{\alpha^{s-1} - r(1-\alpha)^{s-1}}{1 + r(1-\alpha)^{s-1}} \varepsilon_1 \quad (4-12)$$

1.8 mm 厚度的硼钢板在 800℃ 时成形极限的试验结果及其不同屈服方程阶数 s 时的计算结果如图 4-7 所示。当 $s=6$ 时,通过预测模型获得的计算值与试验值吻合较好。在前述分析中,FCC 钢的屈服方程阶数高于 BCC 钢,并且 FCC 钢的成形极限低于 BCC 钢,这就说明成形极限随着屈服方程阶数的增大而减小。通过推导的预测模型同样可以发现,在成形极限图右侧,随着 s 的增大,计算获得的成形极限减小,这也与前述的理论分析相符。

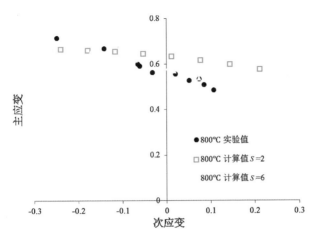

图 4-7　阶数 s 对 1.8 mm 厚度硼钢板 800℃时成形极限预测结果的影响

4.2.2　相组成对硼钢板高温成形性能的影响

硼钢板加热到 700℃和 800℃时的微观组织均为奥氏体与铁素体的混合组织,但两种相在不同温度下的混合比例不同,故可通过将板料加热到不同温度(700℃和 800℃)来研究相比例对硼钢板高温成形性能的影响。同时进一步分析冲压速率(0.1 mm/s 和 0.5 mm/s)和压边力(有无压边)等工艺参数对硼钢板高温成形性能的影响。拉伸试验的其他工艺参数取板料直径 65 mm、加热及保温时间总计 1 小时。

硼钢板的加热过程是从铁素体和珠光体的初始组织转变为奥氏体的过程[2],碳钢中珠光体转变为奥氏体的转变温度为 723℃[125],但在700℃长时间保温也会促使珠光体转变为奥氏体。因此,700℃和 800℃成形时硼钢板的微观组织均为奥氏体和铁素体的混合组织,但 800℃时硼钢板中的奥氏体比例高于 700℃时,具体如图 4-8 所示。

不同变形温度对硼钢板拉深成形过程中变形载荷的影响如图 4-9所示,变形载荷随着成形温度的升高而下降,这是由硼钢板自身的高温流动特性决定的。不同条件下成形的拉深件如图 4-10 所示,图中试样

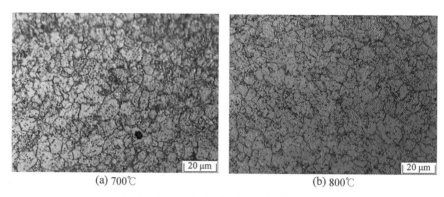

(a) 700℃   (b) 800℃

图 4-8　硼钢板加热到不同温度时的微观组织

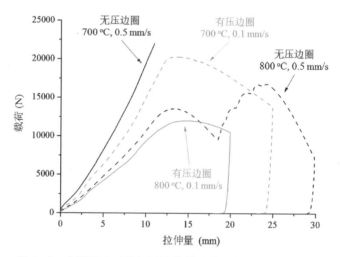

图 4-9　变形温度对硼钢板拉伸成形过程中变形载荷的影响

成形后经过砂纸打磨。

　　800℃时硼钢板的成形性能整体优于700℃时，即随着混合组织中奥氏体含量的增加（铁素体含量的减少），成形性能提高。随着温度提高，塑性增强的同时，变形抗力反而降低，在压边力不变的情况下，起皱的程度也会降低，如有压边情况下的试样，700℃时出现了少量起皱，但同样条件下800℃成形时则无起皱现象。类似的，Bong 等[126]发现奥氏体不锈钢的成形性能优于铁素体不锈钢，Chang 等[127]发现 TRIP 钢的成形性能随着残余奥氏体稳定性的提高或含量的增加而提高，均说明提

图 4-10 不同温度下成形的拉深件,从左至右工艺参数分别为:
800℃、无压边、0.5 mm/s;700℃、无压边、0.5 mm/s;800℃、
有压边、0.1 mm/s;700℃、有压边、0.1 mm/s

高微观组织中的奥氏体比例可增强其成形性能。

此外,从图 4-9 中还可以发现成形过程中的变形载荷和冲压速率正相关。拉伸时,板料的变形主要集中在突缘上,拉伸过程就是使板料突缘逐步收缩形成桶壁的过程。在没有压边圈的成形条件下,突缘起皱,带皱材料被强行拉入凸、凹模间隙中,造成了变形载荷的第二个峰值,并且当法兰上的材料无法顺利流到拉深件的筒形侧壁而堆积在法兰上时,压应力导致的起皱就会随着冲压速率的增大而更加严重;另一方面,法兰上的材料不能及时流入侧壁,侧壁与底面接触的圆角在成形过程中被延伸,较高的冲压速率也会因导致法兰的严重硬化而提高变形抗力。根据成形后拉伸件的对比,变形速率对试样起皱的影响不大,但考虑到成形载荷随着冲压速率增大的趋势,应在允许的范围选择尽可能小的冲压速率,而压边力的存在则可以有效防止法兰起皱,提高其成形性能。

4.3 晶粒尺寸对硼钢板高温成形性能的影响

4.3.1 硼钢板不同晶粒尺寸的获得

通过分别取加热及保温合计时间 1.0 h,1.5 h,2.0 h,2.5 h 和

3.0 h,以研究晶粒尺寸对硼钢板高温成形性能的影响。除加热时间外,拉深试验的其他工艺参数取试样直径 65 mm、变形温度 800℃、变形速率0.5 mm/s 和有压边成形。

在成形完毕后的试件上切取 3 mm×3 mm 的小样,镶嵌、打磨、抛光后用浓度为 4%的硝酸酒精腐蚀,通过光学显微镜获得其微观组织。不同加热时间后获得的微观组织如图 4-11 所示。根据《金属平均晶粒度测定法》(GBT 6394—2002)中的截线法测量不同加热时间热处理后硼钢板的晶粒尺寸。加热 1.0 h、1.5 h、2.0 h、2.5 h 和 3.0 h 后,硼钢板的晶粒尺寸分别为:6.0 μm,6.6 μm,7.1 μm,8.6 μm 和 9.3 μm。

4.3.2 基于晶粒尺寸的硼钢板表面粗糙度演化模型

晶粒尺寸的增大对成形性能的影响主要是通过增加变形过程中表面粗糙化速率来降低成形性能。并且导致表面粗糙化的不均匀变形机理也会导致引起颈缩、开裂和起皱等的应变局部化的发生[128],这种不均匀变形导致的摩擦系数增大也会导致模具磨损的加速,增大零件拉毛的风险等。类似的,Chen[129]发现纯铜的晶粒尺寸较小时其流动性能比晶粒较大时更好。Huang 等[130]也发现镁合金的拉伸和拉深性能均随着晶粒尺寸的变大而降低。

从宏观层面上来说,多晶材料的变形是一个非常复杂并且不均匀的过程,每个晶粒都有自己的晶向和滑移系[131]。应变较小时,晶粒的变形量与其取向相关。当晶粒处于滑移的有利取向时,变形主要是晶粒内部的单滑移;当晶粒处于滑移的不利取向时,由于需要额外的剪切位移使晶粒发生旋转并保持晶粒间的连续性,变形则主要集中在晶界。各向异性导致变形是滑移变形和晶界变形的混合。当塑性应变和位错密度增加时,局部加工硬化使得滑移变形困难。而表面粗糙化速率强烈地依赖于晶体结构中可动滑移系的数量,因此,表面粗糙化速率与晶粒尺寸

(a) 1.0 h

(b) 1.5 h

(c) 2.0 h

(d) 2.5 h

(e) 3.0 h

图 4‑11　硼钢板分别加热不同时间后获得的微观组织

和变形程度密切相关。

为此,通过不同应变量的硼钢板单拉试验进一步分析不同晶粒尺寸试样的表面粗糙度演化规律。将晶粒大小为 $6.0~\mu m$,$6.6~\mu m$,$7.1~\mu m$,$8.6~\mu m$ 和 $9.3~\mu m$ 的硼钢板试样分别单拉到应变量 0.67,0.13 和 0.2,并使用 TR200 手持式粗糙度仪测量不同变形量时试样的表面粗糙度。晶粒大小、应变量和表面粗糙度 Ra 的关系如图 4-12 所示,随着应变量的增大,硼钢板试样的表面粗糙度也逐渐增大,并且两者基本呈线性关系;随着晶粒尺寸的增大,试样表面粗糙化的速率也随之加快。因此,晶粒尺寸对硼钢板高温成形性能的影响可以通过表面粗糙度来表征。

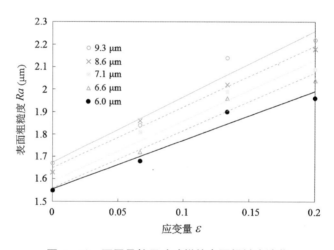

图 4-12 不同晶粒尺寸试样的表面粗糙度演化

表面粗糙度与晶粒尺寸从正比,两者间的关系可以假设为 $Ra \propto \varepsilon$,而晶粒尺寸(D_0)的增大会加快试样表面粗糙化的速率,故 Ra 可假设为与 D_0 的幂函数成正比,即 $Ra \propto D_0^X$。根据 Ra,ε 和 D_0 三者间的关系可以进一步表述为:$Ra \propto (\varepsilon + D_0^X)$。根据已获得的试验结果,具体的函数关系为:

$$Ra = \varepsilon \cdot (h_1 \cdot \ln D_0 - h_2) + h_3 \cdot D_0^{h_4} \qquad (4-13)$$

其中，$h_1 = 1.35, h_2 = 0.09, h_3 = 1.12, h_4 = 0.18$。Gao 等[132]也通过对 IF 钢的研究发现试样表面粗糙度的演化与晶粒尺寸和等效应变成正比。

4.3.3　晶粒尺寸对硼钢板高温变形载荷的影响

加热时间对拉深试件成形过程中变形载荷的影响如图 4-13 所示。拉深量小于 8 mm 时，不同晶粒大小硼钢板试样的变形载荷基本相同，但拉深量大于 8 mm 后，变形载荷随着加热时间的延长先提高后下降，加热 1.5 h 和 2.0 h 后拉深件的变形载荷最大。即硼钢板的晶粒从 6.0 μm 长大到 6.6 μm 时最大变形载荷随着晶粒的长大而提高，但晶粒进一步长大到大于 7.1 μm 时，最大变形载荷随着晶粒的长大而降低，具体如图 4-14 所示。

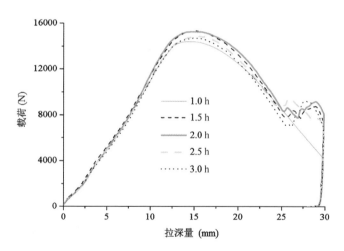

图 4-13　加热及保温合计时间对硼钢板高温拉深试件成形
过程中变形载荷的影响

变形载荷的增大或减小并不单由晶粒尺寸决定，还受到摩擦系数、压边力等的影响[133]。成形过程中的摩擦系数随着晶粒的粗大而增大，而摩擦系数的增大将导致变形载荷的增大[133]；但晶粒越大则晶界越

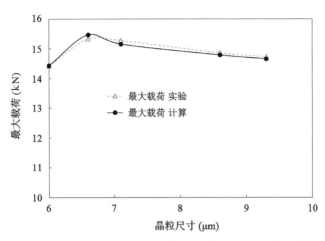

图 4-14 硼钢板试样拉深过程中最大载荷随晶粒尺寸的变化情况

少,并且其材料强度越低,这使得相应的变形抗力也越小,即成形载荷变小,如 Chen[129] 在纯铜中发现当晶粒大小从 28.06 μm 增大到 623.727 1 μm 时,变形载荷随着晶粒的增大而降低。

因此可以认为,在晶粒尺寸相对较小时,晶粒长大引起的摩擦系数变化是影响变形载荷的主要因素;但随着晶粒尺寸的进一步增大,晶粒尺寸增大导致的自身变形抗力的减小则成为影响变形载荷的主要因素。上述分析可以总结为,拉深过程中的最大载荷(L)随着 Ra 的增大而提高,即 $L \propto G_1 \cdot Ra$;L 随着晶粒尺寸 D_0 决定的变形抗力的减小而降低,即 $L \propto -\mid D_0 - G_2 \mid^{G_3}$,其中 G_2 为 L 趋势发生变化时的临界晶粒尺寸。因此,将拉深成形过程中的最大载荷用晶粒大小量化,可以具体表示为:

$$L = G_1 \cdot [\varepsilon \cdot (h_1 \cdot \ln D_0 - h_2) + h_3 \cdot D_0^{h_4}] - \mid D_0 - G_2 \mid^{G_3}$$

$$(4-14)$$

其中,$G_1 = 8.14, G_2 = 6.6, G_3 = 0.76$。

4.3.4 晶粒尺寸对硼钢板起皱的影响

根据变形载荷还可以看出,加热 1.0 h 的硼钢板试样没有出现起皱,但随着加热时间的进一步延长,试样上的起皱逐渐增多,即起皱趋势随着加热时间的延长(晶粒尺寸的增大)而变得明显,砂纸打磨后的成形件如图 4-15 所示。He 等[134] 在挤压成形时也发现,试样表面层晶粒越大,起皱形貌越明显。

| 30 mm |

图 4-15 不同加热时间后成形的硼钢板拉深件,从左至右分别加热 1.0 h,1.5 h,2.0 h,2.5 h 和 3.0 h

起皱是法兰部分在切向力的作用下导致的结果。晶粒越细,塑性变形越可分散在更多的晶粒内进行,使塑性变形越均匀,内应力集中越小;而且晶粒越细,晶界面也越多。晶界越曲折,晶粒与晶粒中间犬牙交错的机会就越多,越不利于裂纹的传播和发展,彼此就越紧固,强度和韧性就越好,而强韧性越好,材料的流动能力也就越强,起皱的可能性也随之降低[135]。

4.4 基于硼钢板高温成形性能的相组成及晶粒尺寸的约束条件

硼钢板高温成形性能主要受其高温状态下的相组成和晶粒尺寸决

定,因此根据微观组织对硼钢板成形性能的影响分析,对硼钢板的微观组织提出了相应的约束条件。基于力学行为的微观组织及相应的工艺参数都应在保证硼钢板高温成形性能的前提下再进一步确定。

(1) 相组成的不同将导致晶体结构的差异,而这种差异决定了硼钢板高温成形极限的变化规律及零件可成形范围的裕度。结合不同相组成时硼钢板的高温拉深成形性能,应尽量在试件成形开始之前避免除奥氏体外其他相的生成,以提高硼钢板的高温成形极限并改善相应的成形性能。故硼钢板的初始成形温度应高于720℃(铁素体相变开始温度)。

(2) 晶粒尺寸对硼钢板高温拉深成形时试样和模具间的摩擦、最大变形载荷和起皱等均有直接影响,为了提高零件的成形质量和并降低模具磨损等,硼钢板高温成形时的晶粒尺寸不宜过大。根据不同晶粒尺寸时硼钢板高温拉深试验结果,硼钢板的晶粒尺寸小于 7 μm 时,成形过程中试样的变形载荷相对较小、起皱较少,并且成形后零件的表面质量也相对较好。

(3) 变形速率对硼钢板拉深试件起皱的影响不大,但成形载荷随着冲压速率增大的提高,应在允许的范围选择尽可能小的冲压速率;并在成形过程中施加一定的压边力以减少起皱。

4.5 本章小结

本章通过硼钢板高温成形极限试验,获得了晶体结构对硼钢板成形极限的影响机理;通过高温拉深试验,分析了相组成和晶粒尺寸对硼钢板高温成形性能的影响。得出的结论如下:

(1) 800℃时的成形极限曲线呈准线性,而 600℃和 700℃时的成形极限曲线呈 V 形。800℃时试样的微观组织为 FCC 的奥氏体,但试样在 600℃和 700℃变形时,其微观组织中生成了少量的 BCC 的铁素体,这种不同温度下微观组织晶体结构的差异应该是引起成形极限主应变随次应变变化趋势不同的原因之一。通过推导的基于 Oyane 韧性断裂准则和 Logan-Hosford 屈服方程的成形极限预测模型进一步验证了这个原因。

(2) 不同相组成时硼钢板的高温拉深成形性能不同,发现提高微观组织中奥氏体的含量,在合理范围内选择尽可能小的冲压速率及合适的压边力均可以提高硼钢板的成形性能或降低成形过程中的变形载荷。

(3) 拉深成形过程中,成形载荷随着硼钢板试样晶粒尺寸的增大先提高后降低。这是由于在晶粒尺寸相对较小时,晶粒长大引起的摩擦系数变化是影响变形载荷的主要因素;随着晶粒尺寸的进一步增大,晶粒尺寸增大导致的自身变形抗力的减小成为影响变形载荷的主要因素。通过建立基于晶粒尺寸的硼钢板表面粗糙度演化模型,进一步建立了基于晶粒尺寸的硼钢板拉深成形过程中的最大载荷的变化模型。

(4) 从硼钢板的高温成形性能出发,分别对硼钢板的相组成和晶粒尺寸提出了相应的要求。

第**5**章

微观组织对硼钢板力学行为的影响研究

硼钢板的力学行为由其微观组织决定,而力学行为的控制则主要通过热冲压工艺参数的设计实现。因此,工艺参数对硼钢板微观组织的影响及微观组织对零件力学行为的影响均需进行研究,从而通过工艺参数、微观组织及力学行为之间耦合关系以实现硼钢板力学行为的控制。故本章通过分析热冲压工艺参数对硼钢板相组成和晶粒尺寸影响,及相组成和晶粒尺寸对硼钢板力学行为的影响,分步实现了硼钢板力学行为的控制。

5.1 基于相组成的硼钢板力学性能研究

5.1.1 硼钢板不同相比例的获得和测定

为了获得不同马氏体、贝氏体和铁素体比例的微观组织,在 Gleeble 3800 热模拟试验机上进行不同工艺条件下的高温热处理试验,所用试件形状如图 5-1 所示。根据 Turetta[88] 的连续冷却转变(CCT)曲线,如图 5-2 所示,获得纯铁素体、贝氏体及马氏体的临界冷却速率分别为 3℃/s、10℃/s 和 30℃/s。不同厂家生产的硼钢板的化学元素有一定的差别,但相变的整体趋势应该是相似的[2],因此根据 Turetta 的研究结果选择冷却速率 2℃/s、5℃/s、10℃/s、15℃/s 和 35℃/s 以获得不同的相比例。试验过程中,试件以 15℃/s 的加热速率加热到 900℃,并保温 5 min 以使奥氏体均匀化,随后试件以选定的冷却速率淬火至室温。

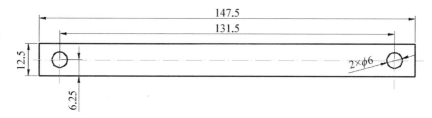

图 5-1 高温热处理试件尺寸(单位: mm)

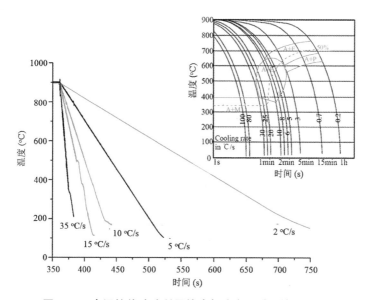

图 5-2 高温拉伸试验所用的冷却速率及引用的 CCT 图

冷却速率为 2℃/s、10℃/s 和 35℃/s 时获得纯铁素体、贝氏体和马氏体,微观组织如图 5-3 所示。冷却速率 5℃/s 和 15℃/s 时获得混合组织如图5-4所示,其中左侧图片为金相试验结果,右侧为相应的图像处理结果。图像处理使用分析软件 Image-Pro Plus 6.0,通过颜色分类,该软件可以自动计算出图片中不同相的面积,从而获的相比例。根据图像处理结果,冷却速率 5℃/s 和 15℃/s 时获得的相比例分别为 V(F/B)＝28/72 和 V(M/B)＝63/37。

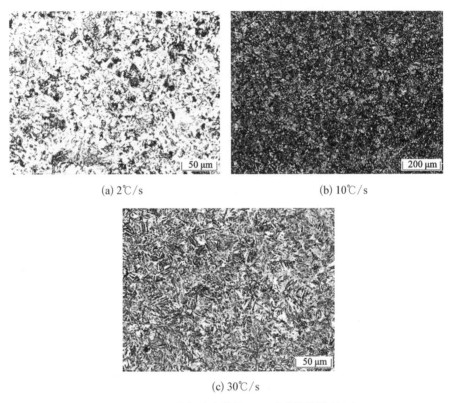

(a) 2℃/s   (b) 10℃/s

(c) 30℃/s

图 5 - 3 经不同冷却速率的热处理后试样的微观组织

由于 Gleeble 3800 热模拟试验机拉伸夹头的影响,高温单拉试件被夹紧区域的加热和冷却都不够充分,使得试件两端的微观组织与中间区域存在差异。因此,为获得所需微观组织对应的力学性能,需从高温单拉试件的中部通过线切割切取小试件进行常温单拉试验,小试样尺寸如图 5 - 5 所示。其中,小试件的平行段取 18 mm 可以保证材料微观组织的均匀性[89]。

常温单拉试验设备为 ZWICK/ROELL Z050 万能试验机,拉伸速度

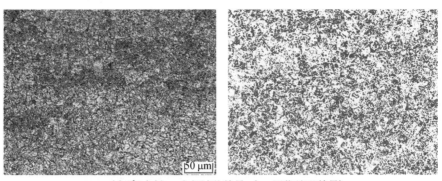

(a) 5℃/s(左：金相试验结果　右：图像处理结果)

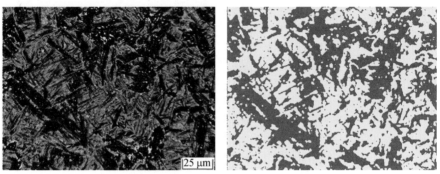

(b) 15℃/s(左：金相试验结果　右：图像处理结果)

图 5‐4　经不同冷却速率的热处理后试样的微观组织(白色：铁素体;红色：贝氏体;黄色：马氏体)

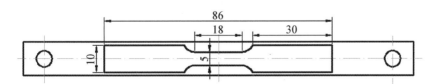

图 5‐5　常温单拉小试件尺寸(单位：mm)

为 1.08 mm/min,即应变速率 0.001/s。所有试验均进行到试样拉断为止。不同相比例的微观组织对应的应力‐应变曲线如图 5‐6 所示。硼钢板 22MnB5 的应力级别随着冷却速率的增大而提高,事实上也就是随着贝氏体和马氏体含量的增大而提高。

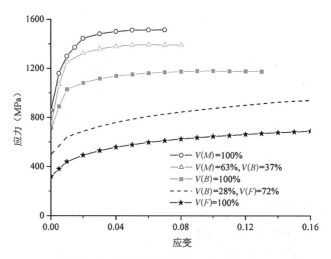

图 5 - 6 微观组织对应的应力-应变曲线

5.1.2 基于相比例的硼钢板本构模型

在过去几十年间,出现了各种各样的本构模型来表征碳钢在不同应变速率下的流变行为。其中,Katsuro Inoue 本构模型[136]通过一个相对简单的公式表达了这一行为[137],如下式所示:

$$\sigma = K\varepsilon^n \dot{\varepsilon}^m e^{(I/T)} \tag{5-1}$$

其中,K 和 I 是材料常数,T 是变形温度,ε 是等效塑性应变,$\dot{\varepsilon}$ 是应变速率,n 是硬化指数,m 是应变速率敏感指数。由于此处研究常温下的应力应变关系,故式(5-1)可以简化为:

$$\sigma = K\varepsilon^n \dot{\varepsilon}^m \tag{5-2}$$

将式(5-2)两边取对数,可得:

$$\ln \sigma = \ln K + n \cdot \ln \varepsilon + m \cdot \ln \dot{\varepsilon} \tag{5-3}$$

n 为 $\ln \sigma$ 与 $\ln \varepsilon$ 线性函数的斜率。

$$\ln K + m \cdot \ln \dot{\varepsilon}_1 = Y_1 \qquad (5-4)$$

$$\ln K + m \cdot \ln \dot{\varepsilon}_2 = Y_2 \qquad (5-5)$$

其中，$Y = \ln \sigma - n \cdot \ln \varepsilon$。通过不同应变速率下的数据，可以获得 m 和 K。

本构模型与应变速率相关，但常温单拉试验中只考虑了应变速率为 0.001/s 的情况，因此，为了在本构中加入应变速率的影响，引用 Bardelcik 等人[3]的试验结果，不同马氏体及贝氏体含量的硼钢板在应变速率 0.003/s 和 1.0/s 时的应力应变数据。

根据图 5-7 中的曲线和引用的数据（图 5-8）获得 Katsuro Inoue 模型中的 K、n 和 m 值，并通过线性和指数等方法拟合得到式（5-6）—式（5-8）。选择相比例用于拟合 Katsuro Inoue 模型而不是冷却速率的原因主要是材料的力学性能对应的马氏体、贝氏体和铁素体的比例确定的，并且不同厂家生产的硼钢板获得特定相比例的冷却速率有一定的不同。因此，冷却速率不推荐参与 Katsuro Inoue 模型的拟合。具体的考虑相比例的 K、n 和 m 公式如下所示。

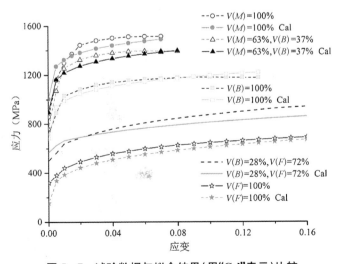

图 5-7　试验数据与拟合结果（用"Cal"表示）比较

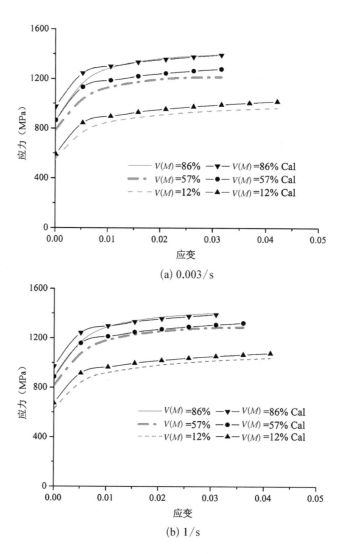

图 5-8 不同应变速率的引用数据[3]与拟合结果(用"Cal"表示)的比较

$$K = 907.84 \cdot \exp[0.0013 \cdot (510 \cdot M + 402 \cdot B + 198 \cdot F)]$$

$$(5-6)$$

$$n = 174.81 \cdot (510 \cdot M + 402 \cdot B + 198 \cdot F)^{(-1.279)} \quad (5-7)$$

$$m = 8.032 \cdot \exp[-0.017 \cdot (510 \cdot M + 400 \cdot B + 330 \cdot F)]$$

$$(5-8)$$

其中，M、B 和 F 分别表示马氏体、贝氏体和铁素体在硼钢板中的体积分数。

将式(5-6)—式(5-8)拟合的参数带入式(5-2)，使得 Katsuro Inoue 模型包含应变、应变速率、相比例等参数。修改后的模型如下所示：

$$\sigma(\varepsilon, \dot{\varepsilon}, M, B, F) = K(M, B, F) \cdot \varepsilon^{n(M, B, F)} \cdot \dot{\varepsilon}^{m(M, B, F)}$$

$$(5-9)$$

使用 Katsuro Inoue 模型预测的应力-应变曲线如图 5-7 和图 5-8 所示。为了进一步验证模型的准确性，引用 Bardelcik 等[138]获得的应变速率为 80/s 时，相组成分别为 $V(M/B/F) = 52/30/18$ 和 $V(M/B/F) = 22/72/6$ 的应力-应变数据，拟合结果如图 5-9 所示。不同应变速率和相比例下的拟合结果与试验结果都有很好的吻合度。因此，该模型可以被用于预测热冲压硼钢板不同相比例时的应力应变行为。

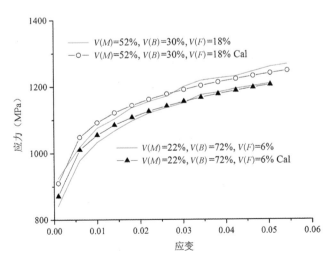

图 5-9　引用数据[138]（应变速率 80/s）与拟合结果（用"Cal"表示）的比较

5.2 晶粒尺寸对硼钢板强韧性的影响机理

提高钢材硬度和强度的方法主要有 5 种：固溶硬化、沉淀硬化、位错硬化、相变硬化和晶粒细化。不同处理方法对材料强度、硬度和延伸率的影响均不同，一般认为前 4 种方法处理后强度提高但延伸率和韧性降低，而通过晶粒细化则不会有这样的问题[2]，故此处对影响晶粒尺寸的因素，晶粒尺寸对力学性能的影响进行定量分析，提出基于晶粒尺寸的零件强韧性控制方法。

5.2.1 加热温度及保温时间对硼钢板奥氏体晶粒尺寸的影响

为了使硼钢板的初始组织完全转变为奥氏体，并成分均匀，板料必须被加热到奥氏体化温度范围，并保温足够长的时间，用工业术语来说，就是达到碳平衡。碳平衡不充分会导致富碳区转变为马氏体，而碳较少的区域转变为贝氏体，对零件而言，这是有害的。此外，达到碳平衡时，奥氏体保温时间过长也会导致其他后果，如晶粒长大及脱碳等，而奥氏体的晶粒尺寸很大程度上取决于奥氏体化的温度和时间，在较小程度上也取决于钢的成分[139]，故为了研究加热条件（加热温度及保温时间）对微观组织演变和力学性能的影响，设计加热温度为 850℃ 和 950℃，在两个温度下分别保温 5 min，20 min 和 30 min 的热处理试验。奥氏体为高温相，无法直接测得，因此通过水淬处理以保留晶粒，水淬后获得马氏体组织，以马氏体的晶粒尺寸表征奥氏体的晶粒大小。每组试验重复 3 次，以保证试验和单拉结果的准确性。硼钢板试样厚度为 1.8 mm，由于要计算加热条件对淬火后成形组织的影响，试件按照《金属材料室温拉伸试验方法》(GB/T 228—2002)制作，线切割后试件尺寸如图 5 - 10 所示。

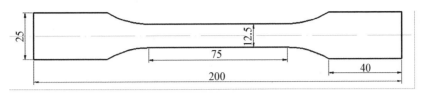

图 5‑10　试件尺寸(单位：mm)

热处理后进行常温单拉试验获得不同晶粒尺寸对应的单向拉伸性能,并在单拉完毕的试件上切取 3 mm×3 mm 的小样,镶嵌、打磨、抛光后用浓度为 4% 的硝酸酒精腐蚀,通过光学显微镜获得其微观组织。并根据《金属平均晶粒度测定法》(GBT6394—2002)中的截线法测量晶粒尺寸,不同加热参数热处理后硼钢板的晶粒尺寸如表 5‑1 所示。

表 5‑1　加热参数对硼钢板晶粒尺寸的影响

加热温度(℃)	保温时间(min)	晶粒尺寸(μm)
950	30	19.2
950	20	17.1
950	5	13.7
850	30	15.7
850	20	13.6
850	5	9.5

加热到 850℃ 并分别保温 5 min,20 min 和 30 min 后水淬获得的微观组织如图 5‑11 所示。加热到 850℃ 并保温 5 min 后硼钢板已基本奥氏体化,但仍有少量未溶解的铁素体存在,铁素体会阻碍奥氏体晶粒的长大,使得奥氏体晶粒相对细小。随着保温时间的延长,铁素体逐渐溶解,奥氏体晶粒有一定的长大,但长大的趋势并不是十分明显。

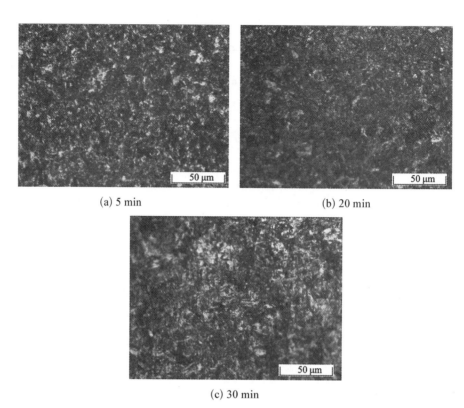

(a) 5 min   (b) 20 min

(c) 30 min

图 5 - 11　硼钢板试样加热到 850℃并保温不同时长后水淬获得的微观组织

加热到 950℃并分别保温 5 min,20 min 和 30 min 后水淬获得的微观组织如图 5 - 12 所示。随着加热温度的升高,晶粒分布更加均匀,晶粒尺寸也随之增大。加热到 950℃后水淬均可以获得全马氏体组织,但保温时间的不同,其微观组织存在一定的差别。保温 5 min 获得的马氏体组织均匀细小,但随着保温时间的延长,马氏体板条束明显增大。

当奥氏体刚刚转变完成时,新形成的奥氏体晶粒全部相互接触。此时奥氏体晶粒很细小但也十分不均匀,先形核的晶粒长得较大;同时由于晶界弯曲,能量较高,使得晶粒在随后的加热或保温过程中继续长大。晶粒长大的驱动力是晶界自由能(界面能),晶粒长大时晶界朝着其曲率

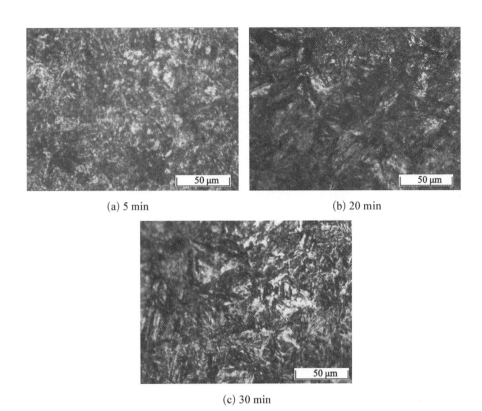

(a) 5 min　　　　　　　　　　(b) 20 min

(c) 30 min

图 5‑12　硼钢板试样加热到 950℃ 并保温不同时长后水淬获得的微观组织

中心移动,使得大晶粒不断长大,而小晶粒不断缩小并趋于消失,单位体积中的晶粒数不断下降[140]。

纯金属和单相合金在等温条件下进行正常晶粒长大时,晶粒的平均直径服从以下经验公式[83]:

$$\overline{D} = a_1 t^{a_2} \qquad\qquad (5-10)$$

其中,$\overline{D}$ 为晶粒的平均直径,t 为保温时间,a_1 和 a_2 为与材料和温度有关的常数。

对该式两边取对数,$\ln \overline{D} = \ln a_1 + a_2 \ln t$。不同实验温度下 a_2 的平均值为 0.228。进一步在 a_1 中考虑温度因素,可得 $a_1 = 0.021 \cdot T - 10.926$。因此,上式在硼钢板奥氏体晶粒长大时可以表述为:

$$\overline{D} = (0.021 \cdot T - 10.926) \cdot t^{0.228} \tag{5-11}$$

其中,T 为加热温度,单位℃;t 单位 min。

基于加热温度及保温时间的硼钢板晶粒尺寸计算结果与试验值比较如图 5‑13 所示。根据该式,计算获得的晶粒尺寸与试验结果十分吻合。

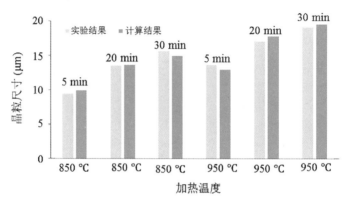

图 5‑13 晶粒尺寸的试验及计算结果比较

为了进一步验证计算公式的准确性,引用侯红苗等[141]获得的试验数据,将硼钢板加热到不同温度保温 3 min 后,计算结果与其试验结果的比较如图 5‑14 所示,两者吻合性也较好。

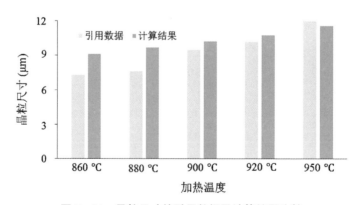

图 5‑14 晶粒尺寸的引用数据及计算结果比较

5.2.2　马氏体晶粒尺寸对硼钢板强度及延伸率的影响机理

不同加热参数热处理后获得的硼钢板马氏体的晶粒尺寸与屈服及抗拉强度、断裂延伸率之间的对应关系如表 5-2 所示。随着晶粒尺寸的增大,硼钢板的屈服及抗拉强度不断降低,并且屈服强度降低的幅度大于抗拉强度;延伸率也随着晶粒尺寸的增大而降低。

表 5-2　硼钢板马氏体晶粒尺寸及相应的强韧性

晶粒尺寸(μm)	屈服强度(MPa)	抗拉强度(MPa)	断裂延伸率(%)
19.2	992	1 355	3.64
17.1	1 080	1 475	3.44
13.7	1 196	1 594	3.76
15.7	1 173	1 579	3.78
13.6	1 191	1 600	4.34
9.5	1 206	1 630	5.72

硼钢板加热温度提高和保温时间的延长,使得碳元素和其他合金元素充分溶于奥氏体中,进一步使马氏体的临界相变温度降低,同时又促进了奥氏体晶粒生长和奥氏体晶内缺陷的减少,也降低了马氏体转变的切变阻力,从而促进了马氏体的生成。但是由于加热温度升高和保温温度的延长,奥氏体组织粗大使得生成的马氏体组织粗大,影响了材料强度的提高。马氏体板条束宽度影响板料强度,板条束宽度越宽,强度就会越低[142]。

根据试验结果,晶粒尺寸与硼钢板强度的关系遵循经典的 Hall-Petch 公式[143]:

$$\sigma_y = \sigma_0 + k_y \cdot d^{-1/2} \tag{5-12}$$

其中,σ_y 和 k_y 为常数,k_y 为表征晶界对强度影响程度的常数,与晶界结构有关，d 为多晶体中各晶粒的平均直径。

根据试验结果，晶粒尺寸与硼钢板抗拉强度的关系可以表述为：

$$\sigma = 696 + 3\,086 \cdot d^{-1/2} \qquad (5-13)$$

晶粒尺寸与硼钢板屈服强度间的关系可以表述为：

$$\sigma = 386 + 2\,723 \cdot d^{-1/2} \qquad (5-14)$$

硼钢板强度的试验结果与计算值的比较如图 5-15 所示。进一步引用侯红苗等[141]获得试验数据，不同晶粒尺寸硼钢板对应的抗拉强度分别为：12.36 μm，1 644 MPa；10.21 μm，1 745 MPa；9.52 μm，1 788 MPa；7.63 μm，1 755 MPa；7.33 μm，1 771 MPa。这些数据与关系式(5-13)吻合也很好。

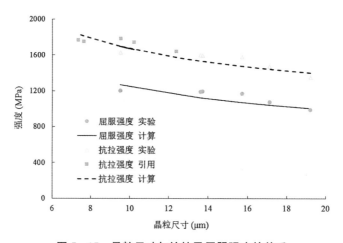

图 5-15　晶粒尺寸与抗拉及屈服强度的关系

延伸率与材料的位错滑移阻力相关。细小的奥氏体晶粒意味着有更高的晶界密度，使得马氏体相变的形核位置增多；较多的形核位置则使得形核生成的单个颗粒更细小，而根据 Griffith 理论，较大的颗粒更容易导致断裂[144]。当晶粒细小时由于晶界面积大，在晶界单位面积上的沉淀相数量较少,位错滑移的阻力相对较小,晶粒内的滑移或塑性变形容易诱发相邻晶粒的位错运动,因此在宏观上表现出良好的拉伸塑性;相反,当晶粒粗大时,由于晶界面积急剧减少,晶界上沉淀相密度大幅度增加而在位错滑移中形成壁垒,各晶粒协调变形受到抑制,因此塑性明显降低. 最终表现出高强度下的拉伸脆性[145]。

根据加热参数、晶粒尺寸和力学性能间相互关系的研究结果,晶粒尺寸小于 10 μm 时硼钢板热冲压零件的强韧性较好。

5.3　本 章 小 结

基于试验和理论分析,本章研究了硼钢板微观组织对力学行为的影响。通过控制工艺参数获得了不同相比例的微观组织,建立了基于相比例的硼钢板本构模型;研究了加热温度及保温时间对奥氏体晶粒尺寸的影响,及其相变后马氏体晶粒的尺寸对硼钢板强度和延伸率的影响,从而获得了基于微观组织的力学性能控制要求。得出的结论如下:

(1) 基于 Katsuro Inoue 模型,建立了包含应变、应变速率、相比例(铁素体、贝氏体和马氏体)等参数的本构模型:$\sigma(\varepsilon, \dot{\varepsilon}, M, B, F) = K(M, B, F) \cdot \varepsilon^{n(M, B, F)} \cdot \dot{\varepsilon}^{m(M, B, F)}$,并通过试验数据和引用自其他论文的数据对该模型在不同应变速率和相比例时拟合的准确性进行了验证。基于该公式,可以获得相组成与应力应变间的对应关系,为成形模拟和碰撞仿真等提供所需的数据。

(2) 分析了加热温度和保温时间对奥氏体晶粒大小的影响规律,并建立了基于加热温度及保温时间的奥氏体晶粒长大时的经验公式,并对奥氏体的晶粒尺寸提出了相应的要求。

（3）分析了形变后马氏体晶粒尺寸与屈服强度、抗拉强度和断裂延伸率间的关系，从马氏体的强化机制分析了硼钢板晶粒尺寸影响其强度的原因，并分别建立了晶粒尺寸与硼钢板屈服强度、抗拉强度间的关系函数；从位错滑移阻力的角度分析了延伸率随着晶粒尺寸的增大而降低的原因。根据力学性能和晶粒尺寸的研究结果认为晶粒尺寸小于 $10 \mu m$ 时硼钢板具有相对较好的强韧性。

第6章

力学性能梯度 B 柱的设计方法及模具对硼钢板温度历程的影响研究

　　力学性能梯度零件的几何形状、力学性能分布等都会影响其使用性能。因此，需对力学性能梯度零件的设计方法进行研究，在保证可制造性的前提下将零件的力学行为、微观组织及其分布、几何形状等综合考虑，从而获得基于微观组织的零件设计方法。B 柱上下区域碰撞要求的不同使得其成为一类迫切需要力学性能梯度化的零件，因此，本章选择 B 柱作为力学性能梯度零件设计方法研究的研究对象。

　　此外，模具是生产基于力学性能梯度的热冲压零件的必需工具，而该类模具的设计技术还不成熟，因此，本章通过仿真研究，分别分析了模具温度对板料降温速率的影响，及不同温度模块间的安装间隙对板料温度分布的影响，从而从板料的温度分布和变化历程两方面对模具的结构提出了相应的要求。

6.1 基于微观组织的力学性能
梯度 B 柱设计方法

B 柱的主要安全性功能是承受碰撞以保护乘员安全,故采用碰撞仿真来分析微观组织与碰撞性能间的关系,并研究基于微观组织的力学性能梯度 B 柱设计方法。铁素体硬度太低很难满足 B 柱的使用要求[146],故在力学性能梯度 B 柱的仿真中只考虑马氏体和贝氏体。

6.1.1 B 柱碰撞仿真模型及其验证

仿真模型在有限元软件 HyperMesh 中建立,并使用 LS-Dyna 作为求解器。如图 6‐1 所示,将重量为 400 kg 的冲击锤设置为刚体,以 16 km/h 的初始速度撞击 B 柱的中间部位。将 B 柱和冲击锤的接触定义为运动接触,摩擦系数取 0.3[147]。B 柱的四个端部通过固定支座固定以限制其位移和转动。

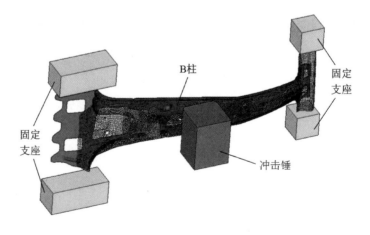

图 6‐1　B 柱碰撞仿真模型

此外,为了验证B柱碰撞仿真模型的准确性还进行了同样条件和工况下的碰撞试验。试验所用B柱的微观组织为全贝氏体。如图6-2所示,将冲击锤安装在可移动的小车前部,通过配置使得冲击锤和小车的总重为400 kg。通过小车提供16 km/h的初始速度。小车与其运行轨道间十分光滑,该摩擦很小可以忽略不计,这使得试验参数与仿真模型更加吻合。2个加速度传感器安装在冲击锤的左右两侧,以测量碰撞过程中的加速度变化历程。

图6-2 B柱碰撞试验

试验和仿真中B柱受到撞击后的变形过程如图6-3所示,图中分别比较了0.02 s和0.08 s两个时间,确定不同时间的试验和仿真中B柱的变形模式基本相同。从冲击锤接触B柱的瞬间开始计时,整个碰撞过程持续约0.1 s。试验和仿真结果的对比如图6-4所示,其中a、v、S和E分别表示加速度、速度、仿真结果和试验结果。可以发现,试验和仿真的力-位移、加速度-时间-速度等结果也十分吻合。因此,通过试验验证了该仿真模型的正确性,该模型可以用于力学性能梯度B柱微观组织与其碰撞动力学参数间的关系研究。

(a) 0.02 s

(b) 0.08 s

图 6-3　不同时间的试验(左)与仿真(右)中 B 柱变形过程的比较

6.1.2　力学性能梯度 B 柱的结构参数

　　力学性能梯度零件的结构与拼焊板类似,均匀力学性能区域对应于被焊接的板料,过渡区域对应于拼焊板的热影响区[148]。在拼焊板的碰撞仿真中,通常忽略热影响区并将两侧板料直接刚体连接[61]。拼焊板仿真一般更推荐使用不考虑热影响区的 3D 壳单元有限元模型[149]。因此,在碰撞仿真中也不考虑力学性能梯度 B 柱的性能过渡区域,并将性能均匀区域直接通过刚体单元连接。

　　力学性能梯度的概念在几年前已被提出,目前,相关论文中也出现了多种力学性能梯度 B 柱的结构简图。一般来说,力学性能梯度 B 柱可以分为两类:① 二段式,上部高强度和下部低强度;② 三段式,中部高强度、上部和下部低强度。其中,二段式更有代表性,在工业上也相对更容易制造。因此,此处主要研究二段式 B 柱的结构参数及设计。

　　在不同论文中,二段式力学性能梯度 B 柱不同性能区域(忽略过渡

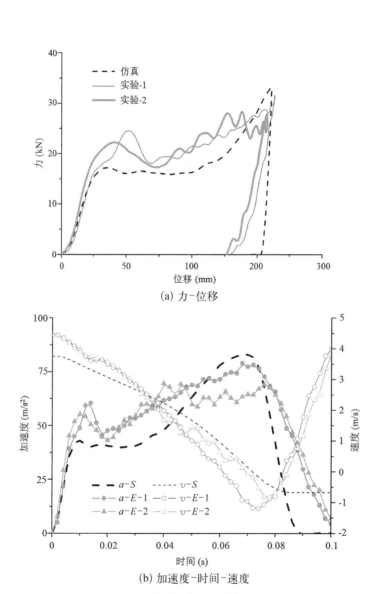

(a) 力-位移

(b) 加速度-时间-速度

图 6-4　B 柱碰撞试验和仿真结果比较

区域)所占的高度比例归纳如下：73%(高强度区域)和 27%(低强度区域)[3],68% 和 32%[11],64% 和 36%[150],60% 和 40%[6]。因此,本文低强度区域占 B 柱高度的百分比 h 取 20%~40%,高强度区域马氏体含量取 70%~100%,低强度区域的马氏体含量取 25%~75%,并且上部高强度区域的马氏体含量始终高于下部低强度区域,具体的仿真参数如表 6-1 所示。碰撞的动力学参数以碰撞过程中的最大位移、最大加速度、B柱上部及下部分别吸收的内能表示。

表 6-1　用于力学性能梯度 B 柱碰撞仿真的结构及微观组织参数

序　号	低强度区域占 B柱的高度比例(%)	低强度区域的马氏体含量(%)	高强度区域的马氏体含量(%)
1,2,3	20	75,50,25	100
4,5,6	20	75,50,25	85
7,8	20	50,25	70
9,10,11	25	75,50,25	100
12,13,14	25	75,50,25	85
15,16	25	50,25	70
17,18,19	30	75,50,25	100
20,21,22	30	75,50,25	85
23,24	30	50,25	70
25,26,27	35	75,50,25	100
28,29,30	35	75,50,25	85
31,32	35	50,25	70
33,34,35	40	75,50,25	100
36,37,38	40	75,50,25	85
39,40	40	50,25	70

6.1.3　微观组织对力学性能梯度 B 柱动力学参数的影响

B柱下部低强度区域吸收的碰撞能量如图 6-5 所示,低强度区域在碰撞过程中相对容易变形,其吸收的能量(E_{lower})随着 h 的增大而增多。当 $h \geq 30\%$ 时,E_{lower} 随着上部马氏体含量的提高而增多,但随着下部马氏体含量的提高而减少,即 E_{lower} 随着上下区域马氏体含量差值的增大而增多。当 $h < 30\%$ 时,由于撞击部位与低强度区域的距离过大,撞击力不容易传递到下部,导致能量只能更多的由上部区域吸收。力学性能梯度 B 柱下部降低强度的原因是为了通过该区域的变形更多的吸收碰撞能量。因此,只有当 $h \geqslant 30\%$ 时才能满足力学性能梯度下部低强度区域主要用于吸收能量的目的。

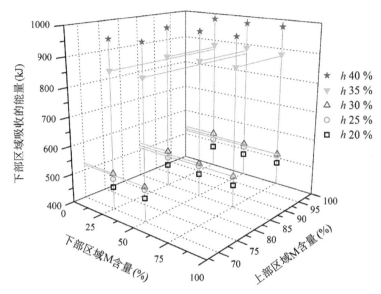

图 6-5　马氏体含量及 h 对力学性能梯度 B 柱下部低强度区域吸能的影响

碰撞时间都非常短,一般均少于 $0.1\ \mathrm{s}^{[151]}$,并且 B 柱和冲击锤之间的摩擦力明显小于撞击力。因此,摩擦消耗的能量可以忽略不计,碰撞过程可以视为一个冲击锤的势能和动能转化为变形后 B 柱内能的过程。这个过程中由冲击锤提供的能量保持不变。马氏体含量和 h 等对 B 柱上部区域吸收能量(E_{lower})的影响规律与下部区域 E_{lower} 相反。E_{lower} 随着 h 的增大和上部马氏体含量的提高而减少,但随着下部马氏体含量的提高而增多。

为了更深入地研究梯度性能对 B 柱碰撞结果的影响,对 B 柱的最大变形量(d_{max})和加速度(a_{max})进行了分析,结果如图 6-6 和图 6-7 所示。

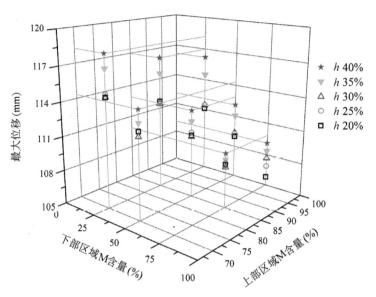

图 6-6 马氏体含量及 h 对力学性能梯度 B 柱最大变形量的影响

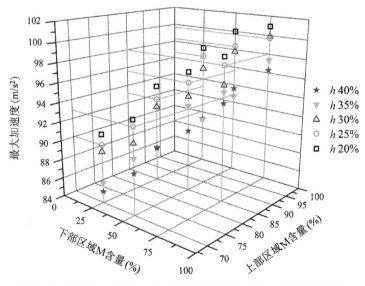

图 6-7 马氏体含量及 h 对力学性能梯度 B 柱最大加速度的影响

$d_{\max}$随着下部或上部区域马氏体含量的提高而减小,主要是材料的强度随着马氏体含量的增加而提高,这会阻碍B柱的变形。当$h \geqslant 30\%$时,变形量随着h的提高而增大。在相同初始速度条件下,较大变形量意味着较长的变形时间$(d = v_0 t + 0.5at^2)$,也导致较小的撞击力$(m \cdot \Delta v = F \cdot \Delta t)$。人体能够承受的撞击力是有限的,过大的撞击力会导致车上驾驶员和乘客的受伤,车辆耐撞性的要求也无法满足。碰撞过程中,最大撞击力可以通过最大加速度求出$(F_{\max} = ma_{\max})$。较大的$a_{\max}$会导致较大的撞击力。因此,B柱受到的撞击力随着$d_{\max}$的降低或$a_{\max}$的增大而增大。此外,马氏体含量和h对$a_{\max}$的影响与对$d_{\max}$的影响相反。$a_{\max}$随着下部低强度区域马氏体含量的提高而增加,但随着h的增大而减小。

6.1.4　基于相比例的动力学参数经验公式

根据仿真结果,力学性能梯度B柱碰撞后E_{lower}、$d_{\max}$和$a_{\max}$随着h、上部及下部区域的马氏体及贝氏体含量变化。将碰撞的动力学参数通过数值方法拟合,得到式(6-1)—式(6-3)。

$$E_{\text{lower}} = \begin{cases} e + 7.4 \cdot x + 0.7 \cdot y, & h \leqslant 25\% \\ e - 35.1 \cdot x + 19.2 \cdot y, & h \geqslant 30\% \end{cases}$$

$$e = \begin{cases} 599.0 \cdot h + 355.9, & h \leqslant 25\% \\ 4\,561.6 \cdot h - 805.7, & h \geqslant 30\% \end{cases} \qquad (6-1)$$

其中,x表示下部低强度区域的马氏体含量(%),y表示上部高强度区域的马氏体含量(%)。根据式(6-1)得到的计算结果与仿真结果的R^2为0.948。

$$d_{\max} = D - 10 \cdot x - 10 \cdot y$$

$$D = \begin{cases} 124.21, & h \leqslant 25\% \\ 22.87 \cdot h + 118.12, & h \geqslant 30\% \end{cases} \quad (6-2)$$

根据式(6-2)得到的计算结果与仿真结果的 R^2 为 0.935。

$$a_{\max} = A + 8.9 \cdot x + 19.2 \cdot y$$

$$A = \begin{cases} -3.69 \cdot h + 75.31, & h \leqslant 25\% \\ -3.33 \cdot h + 71.84, & h \geqslant 30\% \end{cases} \quad (6-3)$$

根据式(6-3)得到的计算结果与仿真结果的 R^2 为 0.933。

6.1.5 力学性能梯度 B 柱的设计方法

根据公式(6-1)—公式(6-3)获得的相比例、B 柱碰撞动力学参数和力学性能梯度 B 柱结构参数间的关系，可以进一步建立基于相比例或动力学参数输入的力学性能梯度 B 柱设计方法，具体说明如下：

(1) 基于相比例的力学性能梯度 B 柱设计方法。当力学性能梯度 B 柱上部或下部区域的相比例已知时，即可通过公式(6-1)—公式(6-3)求出 E_{lower}，$d_{\max}$ 和 $a_{\max}$ 与低强度区域占 B 柱高度的百分比 h 间的关系，并通过 E_{lower}，$d_{\max}$ 和 $a_{\max}$ 范围的逐渐缩小直至确定 h 的具体数值。

(2) 基于动力学参数的力学性能梯度 B 柱设计方法。当碰撞动力学参数 E_{lower}，E_{upper}，$d_{\max}$ 和 $a_{\max}$ 已知时，即可求出力学性能梯度 B 柱高强度与低强度区域的划分，两个部位的马氏体及贝氏体含量。此外，当动力学参数不是全部已知，如只知道 $d_{\max}$ 时，可以将 $d_{\max}$ 作为输入值，根据式(6-2)求出 h，x 和 y 的关系。选择一组 h，x 和 y 数值(条件 i)，带入式(6-1)和(6-3)获得相应的 E_{lower} 和 $a_{\max}$，并判断获得 E_{lower} 和 $a_{\max}$ 是否符合要求，若不符合，重复该步骤直到得到合理的 h，x 和 y 数值，如图 6-8 所示，即可获得基于微观组织和梯度划分结果的力学性能梯度 B 柱的设计结果。

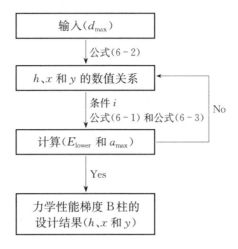

图 6‑8　基于动力学参数的力学性能梯度 B 柱设计流程

6.2　基于力学性能梯度 B 柱设计方法的热冲压工艺参数获得

通过基于相比例或动力学参数的力学性能梯度 B 柱设计方法,均可获得力学性能梯度 B 柱的碰撞动力学参数(E_{lower},d_{max} 和 a_{max})及对应的结构参数 h,高强度及低强度区域的相比例(x 和 y)。

在此基础上,根据式(3‑12)可求得所需马氏体对应的应变量和变形温度;根据式(3‑23)可求得所需贝氏体对应的温度;根据式(5‑6)—式(5‑9)可求得基于相比例的不同应变速率下的硼钢板应力应变曲线;根据式(5‑13)和式(5‑14)可求得硼钢板的晶粒尺寸要求;进而根据式(5‑11)求得硼钢板所需的加热温度和保温时间。

以 $d_{max} = 114\,\mathrm{mm}$ 作为力学性能梯度 B 柱的输入条件为例,根据式

(6-2)可得 $22.87*h-10*x-10*y+4.12=0$ 这一关系式,通过式 (6-1)和式(6-2)确定合理的 E_{lower} 和 a_{max},可得 $h=0.4$, $x=0.3$, $y=0.99$, $E_{lower}=1\,027\,kJ$ 和 $a_{max}=92\,m/s^2$ 这一组合,即确定了力学性能梯度 B 柱高强度和低强度区域的高度比及两个区域的马氏体和贝氏体含量。根据式(3-12)可得,要获得马氏体含量为 99% 的微观组织,硼钢板需在降温速率大于30℃/s的条件下,从740℃开始变形,应变量为0.3;根据式(3-23)可得,要获得马氏体含量为30%(贝氏体含量为70%)的微观组织,硼钢板需以10℃/s的降温速率淬火到520℃获得所需的贝氏体后再进一步提高降温速率以获得马氏体。因此,基于力学性能梯度的硼钢板热冲压零件的生产效率较传统热冲压零件有一定程度的降低。若将硼钢板加热到900℃并保温5 min,根据式(5-11)可知,对应的硼钢板晶粒尺寸为 $11.5\,\mu m$。具体如图6-9所示。

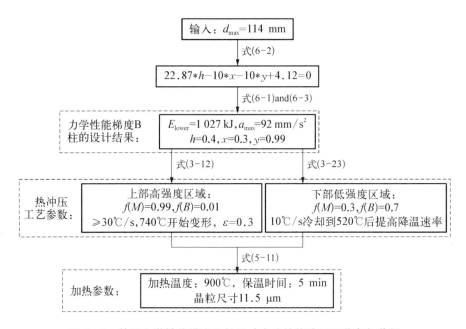

图6-9 基于力学性能梯度 B 柱设计方法的热冲压工艺参数获得

6.3　基于力学性能梯度的热冲压成形对硼钢板温度分布及降温速率的影响

6.3.1　基于力学性能梯度的 U 形件热冲压模具结构

基于力学性能梯度的热冲压模具是零件生产和质量控制的一个关键环节。热冲压工艺中各因素的耦合关系如图 6 - 10 所示[86]，模具的热学参数、初始温度条件和设计都会影响零件最终的机械性能和几何形状。因此，根据 B 柱的结构特点，以 U 形件为例，分析模具温度和不同温度模块间的安装间隙等对零件温度的影响，从而提出相应的实现力学性能梯度的热冲压模具设计要求。

U 形件的几何尺寸如图 6 - 11 所示，U 形件的板料厚度为 1.8 mm。相应的分块模具分别将模具的凸凹模均分割成等长的两段，如图 6 - 12

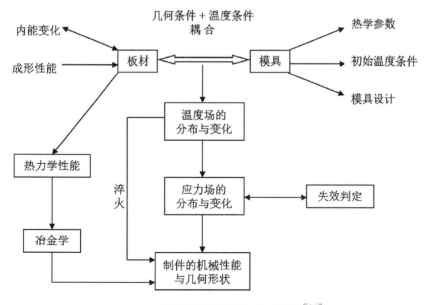

图 6 - 10　热冲压工艺的耦合分析方法[86]

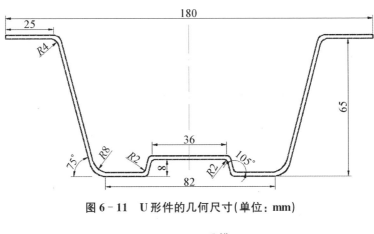

图 6‑11 U 形件的几何尺寸(单位: mm)

凸模 1   凸模 2

板料

凹模 1   凹模 2

图 6‑12 基于力学性能梯度的 U 形件热冲压模具

所示,模块在仿真中将设置成不同的温度。热冲压成形仿真分析采用有限元软件 AutoForm。

6.3.2 硼钢板的热物性参数

1. 接触热阻

板料与模具之间的接触热阻及其传热行为是影响热冲压成形时板料在模具内淬火过程的关键。接触热阻是指两物体的接触界面处由于接触不良而引起的附加热阻。单位接触面上的接触热阻称为面积接触

热阻,用 r_c 表示,单位为 $\mathrm{m}^2\mathrm{K/W}$。接触热阻的主要影响因素有:

(1) 在表面状况一定的条件下,影响板料与模具接触的传热行为及其关键因素为板材与模具接触面的压强和板材与模具的温度。

(2) 板材与模具接触面的接触热阻,随着接触面的压强增加而迅速减小,故增加接触面的压强能显著提高板材与模具之间的传热速率。因此,为使冲压板材达到合理的冷却时间,冲压过程中应该维持板材与模具之间合适的压强。

(3) 较高的温度有利于接触热阻下降,增强传热。冲压过程中伴随着冷却,会因此而使板材与模具之间的传热有所下降,但只要维持适当的压强,则仍然能维持合理的传热速率。

(4) 温差是传热的动力,当板材与模具之间的传热系数一定时,传热速率正比于温差,因此提高模具的冷却效果,维持模具合理的温度,也是保证板材与模具之间传热速率的一个重要因素。

2. 弹性模量、泊松比、比热容

硼钢板 22MnB5 的弹性模量、泊松比、比热容会随着温度改变而变化,其变化规律如表 6-2 所示。

表 6-2　硼钢板 22MnB5 各温度下弹性模量、泊松比、比热容

温度($^{\circ}$C)	弹性模量 E(GPa)	泊松比 ν	比热容 C_p(J/(kg·K))
20	212	0.284	444
200	199	0.289	520
400	166	0.298	561
600	150	0.31	581
800	134	0.325	590
1 000	118	0.343	603

3. 与环境的换热系数

板料在于模具完全接触之前,需要与环境进行换热。主要包括热辐

射和热对流两部分。硼钢板与环境在各个温度下的换热系数如表 6-3
所示。

表 6-3　硼钢板在各个温度下与环境的换热系数

温度(℃)	对流换热系数 (W/(m² · K))	辐射换热系数 (W/(m² · K))	等效换热系数 (W/(m² · K))
50	5.68	5.31	11
200	7.8	10.8	18.6
400	8.43	23.6	32
600	8.52	44.8	53.3
800	8.46	76.6	85.1
1 000	8.32	121	129

4. 与模具的传热系数

板料与模具间的传热系数是压强/间隙的函数,传热系数随着压强
的增大或间隙的减小而提高,如图 6-13 所示[152]。当间隙大于0.5 mm
时,认为板料与模具之间不存在传热。

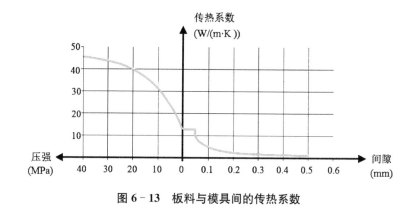

图 6-13　板料与模具间的传热系数

5. 硼钢板的导热系数

硼钢板导热系数随温度的变化规律如表 6-4 所示,在20℃～400℃

之间导热系数随温度的升高逐渐减小,400℃～1 000℃之间则随温度的升高而增大。

表 6-4　硼钢板 22MnB5 导热系数随温度变化规律

温度(℃)	20	200	300	400	600	800	1 000
导热系数(W/(m・K))	30.7	30	27.5	21.7	23.6	25.6	27.6

6.3.3　模具温度对硼钢板冷却速率的影响

将凸(凹)模 1 和凸(凹)模 2 设为同一温度,从板料加热完毕开始计时(硼钢板加热到 900℃),设置板料从加热炉移至凹模上的时间 3 s,随后凸模以 25 mm/s 的速度下移直至与凹模合模,在 5.8 s 时冲压结束。如图 6-14 所示,图中温度为 U 形件底部凸台中心点的温度,该位置与凸模最后接触。冲压过程结束时,板料上该点的温度区别不大;但随着模块温度的提高,零件在保压过程中的冷却速率明显降低。模具温度等于或低于 250℃时,保压阶段零件的冷却速率高于 30℃/s;当模具温度为 450℃,零件的冷却速率仅为 10℃/s 左右;随着模具温度的进一步提高,冷却速率也变得更低。

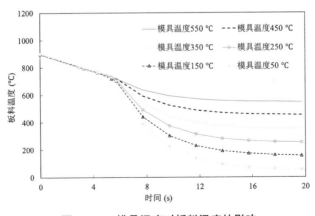

图 6-14　模具温度对板料温度的影响

　　从热传导的角度来说,模具和板料间的温差越大,板料获得的冷却速率也越大[153]。模具的温度对硼钢板热冲压成形保压淬火过程中的冷却速率有很大的影响,不同的模具温度必然会导致零件最终的力学性能有很大的区别。

6.3.4　不同温度模块间的安装间隙对硼钢板温度分布的影响

　　设置硼钢板初始温度为900℃,左侧模块(凸模 1 及凹模 1)温度为50℃,右侧模块(凸模 2 及凹模 2)温度为450℃,并分别取高温模块与低温模块间的安装间隙 0 mm,0.5 mm,1 mm,2 mm 和 3 mm,研究安装间隙对板料温度分布的影响。取 U 形件长度及宽度对称轴的交点(板料的中心点)观察安装间隙对硼钢板温度的影响。如图 6-15 所示,随着安装间隙的增大,板料中心点的冷却速率逐渐增大,从安装间隙 0 时的10℃/s 左右的冷却速率增大到安装间隙 1.5 mm 时的 20℃/s 左右;但间隙增大到1.5 mm 及以上后,板料的冷却速率将不随安装间隙的增大而提高。这说明不同温度模块间的安装间隙对过渡区的力学性能有一定的影响,但间隙的可变化范围不大。

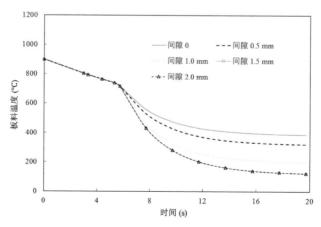

图 6-15　不同温度模块间的安装间隙对板料温度的影响

不同安装间隙时,零件过渡区域的宽度差别不大。安装间隙 1 mm 时零件上的温度分布如图 6-16 所示。随着保压时间的延长,零件两侧的温度整体下降;相对于零件尺寸(长度方向 180 mm),过渡区的宽度很小,只有约 20 mm。这说明当加热区和冷却区的模块温度保持相对恒定时,零件上性能过渡区的宽度可以被有效控制。

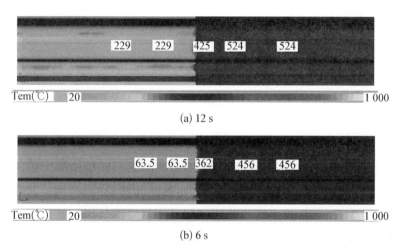

图 6-16　安装间隙为 1 mm 时硼钢板板料保压不同时间后的温度分布

6.3.5　基于力学性能梯度的热冲压模具初步设计要求

通过模具温度对硼钢板冷却速率的影响分析,发现模具的温度对硼钢板热冲压保压淬火过程中的冷却速率有很大的影响,而不同的模具温度必然会导致零件最终的力学性能有很大的区别。因此,需要根据热冲压零件所需的相组成或强度级别选择合适的模具温度。

通过模块间隙对硼钢板温度分布的影响分析,发现模块间隙对零件过渡区域宽度的影响不大,并且过渡区宽度均很小,这说明当加热区和冷却区的模块温度保持相对恒定时,零件上性能过渡区的宽度可以被有效控制。根据零件的实际要求,如需要尽可能地降低过渡区的影响,模具可只划分为加热区和冷却区两大模块;但当零件上需要相对面积较大的过渡区时,除了电阻或感应加热的高温模块,通过循环冷却水降温的低温模块外,还应该在两者之间增加一个过渡区模块。过渡区模块的宽度需要根据实际情况决定,该模块不加热也不冷却,通过与高温模块和冷却模块的热传递使过渡区模块内形成温度的梯度分布,从而达到零件过渡区内力学性能的梯度分布。

6.4 本 章 小 结

本章以力学性能梯度 B 柱和 U 形件模具为例,进行了已获得的微观组织、力学行为、成形性能和工艺参数间耦合关系的应用研究,得出的结论如下:

(1)以经过试验验证的 B 柱碰撞仿真模型为基础,参考现有文献中力学性能梯度 B 柱的结构参数,并结合第 5 章获得的基于相比例的本构模型,分析了微观组织和结构参数对力学性能梯度 B 柱动力学参数(吸收的能量、最大加速度和最大变形量)的影响,从而建立了基于相比例的 B 柱碰撞动力学参数经验公式,并提出了性能驱动的力学性能梯度 B 柱的设计方法。

(2)以简化的基于力学性能梯度的 U 形件模具为基础,分析了模具温度对硼钢板冷却速率的影响,发现模具温度与零件的冷却速率存在直接关系;并分析了不同温度模块间的安装间隙对硼钢板温度分布的影响,发现安装间隙对零件过渡区域宽度的影响不大,零件上需要相对宽度较大的过渡区时,除了高温模块和低温模块,还应该在两者之间增加一个有相应宽度的过渡区模块。

第 *7* 章

结论和展望

7.1 结　　论

本文以热冲压成形的力学性能梯度 B 柱为研究对象,对其热冲压成形过程中硼钢板的组织演变及力学行为进行了深入研究。以相组成和晶粒尺寸为切入点,获得了硼钢板微观组织、工艺参数、成形性能和力学行为间的耦合关系,从而提出了硼钢板热冲压零件的力学行为控制及设计方法。本文的主要结论和研究成果如下:

（1）通过切线法分析了不同冷却路径下硼钢板铁素体、贝氏体和马氏体相变的开始和结束温度、相变量和相变持续时间,获得了不同相变的组织演变过程;建立了冷却路径、相组成和维氏硬度间的对应关系;确定了发生不同相变的基本条件和通过冷却路径控制硼钢板相组成及力学性能的方法。

（2）通过小变形时几何必须位错的堆积和大变形时亚晶的形成,分析了 M_s 温度随着应变量的增大先提高后降低的原因;通过温度与加工硬化率的关系,分析了 M_s 温度随着变形温度的升高而提高的原因;通过位错密度与变形生热,分析了现有高温单拉工艺条件下 M_s 温度随着应变速率的增大而降低的原因。从而,建立了基于应变量和变形温度的马氏体相变动力学方程,实现了通过硼钢板高温变形参数直接控制马氏体相变的转变量。

(3) 基于铁素体和贝氏体等温相变的 JMAK 模型,引入了相变速度系数 Z 值、相变开始温度与连续冷却过程中相变范围内任意温度的关系函数,分别建立了变温条件下铁素体和贝氏体相变的动力学方程,并分析了保温温度、变形温度、应变速率和应变量等对 F_s 和 B_s 的影响规律。从而,可以通过建立的扩散相变动力学方程获得不同温度时相变的实时转变量,在降温到一定温度获得所需的铁素体和贝氏体后,即可通过改变该温度后的工艺参数获得所需的其他相。

(4) 从不同温度时硼钢板相组成不同导致的晶体结构不同分析了 800℃ 和 700℃～600℃ 时成形极限主应变随次应变变化的趋势不同的原因,并推导了基于 Oyane 韧性断裂准则和 Logan-Hosford 屈服方程的高温成形极限预测模型;不同相组成时硼钢板的高温拉深成形性能也不同,成形性能随着奥氏体含量的增加而提高,这与晶体结构对硼钢板成形极限的影响趋势是相同的。

(5) 建立了基于晶粒大小和应变量的硼钢板表面粗糙度演化模型,获得了成形过程中试样和模具间摩擦系数随着变形程度加剧而增大的变化规律;从晶粒尺寸增大导致的摩擦系数的增大和变形抗力的减小两方面分析了晶粒尺寸对拉深成形时硼钢板变形载荷的影响规律及机理;并从晶粒尺寸对材料流动性能的影响分析了法兰起皱现象随着晶粒长大逐渐严重的原因。从而,从相组成和晶粒尺寸两个方面,提出了基于硼钢板高温成形性能的微观组织约束条件。

(6) 提出了基于铁素体、贝氏体和马氏体相比例、应变速率和应变量的改进后的 Katsuro Inoue 本构模型;获得了加热温度和保温时间对奥氏体晶粒尺寸的影响规律,并建立了基于加热温度和保温时间的晶粒长大模型；获得了马氏体晶粒尺寸对硼钢板强度及延伸率的影响规律，分别建立了晶粒尺寸和抗拉强度、屈服强度的 Hall-Petch 公式；从位错滑移阻力的角度分析了延伸率随着晶粒尺寸的增大而降低的原因；从相组成和晶粒尺寸两个方面提出了力学性能的控制要求。

（7）以经过验证的 B 柱碰撞模型为研究对象，建立了基于相比例和结构参数的力学性能梯度 B 柱的碰撞动力学经验公式，并提出了性能驱动的力学性能梯度 B 柱的设计方法；以 U 形件模具为研究对象，获得了模具温度、不同温度模块间的安装间隙对硼钢板成形过程中温度变化历程的影响，并发现过渡区宽度的控制需引入独立的过渡区模块来实现。

7.2　展　　望

硼钢板热冲压零件的力学性能控制对于硼钢板材料性能的充分利用具有重要作用，但硼钢板的成形成性对成形过程中的温度场、应力场、应变场和相变等都有十分严格的要求，本文通过对工艺参数、微观组织、成形性能和力学性能间耦合关系的研究，从冷却路径、高温变形参数、相组成及其晶粒尺寸、模具结构、B 柱设计等方面对基于力学性能梯度的热冲压零件的生产及性能控制提出了要求及指导。但笔者认为可以继续在以下几个方面进行深入研究：

（1）本书建立了基于应变量和变形温度的马氏体相变动力学方程，以及基于相变开始温度与连续冷却过程中相变范围内任意温度的变温条件下铁素体和贝氏体相变的动力学方程，但在实际生产过程中，需要考虑的因素更加复杂。为了更精确有效地预测铁素体、贝氏体和马氏体相变的转变量，需要在已建立的动力学方程中耦合更多的变量，从而实现基于相比例的整体工艺方案的确定。此外,本书选用化学元素固定的硼钢板 22MnB5 作为研究对象,在研究过程中不考虑化学元素对热冲压过程中相变及其力学行为等的影响,但是化学元素的变化对金属材料相变的影响是不容忽视的,因此,金属材料化学元素对微观组织演变和力学行为的影响,及基于性能定制的材料化学元素的调控仍需进行深入研究。

（2）本书发现起皱现象随着晶粒尺寸的增大逐渐严重,但文中仅从晶粒尺寸对材料流动性能的影响进行了分析,而没有深入到更为微观层面。此外,晶粒尺寸也将影响材料的强度和延伸率,本文仅对这种影响进行了规律分析,但是影响机理仍需进行深入研究。

（3）本书对模具温度和不同温度间模块的安装间隙对硼钢板温度历程的影响进行了初步分析,并发现应根据实际需要加入独立的过渡区模块。但加热模块的加热方式及效率、冷却模块的冷却系统设计、过渡区模块的温度分布、板料与模具不同部位间的传热、隔热、模具结构设计等仍需进行进一步的研究。

参考文献

[1]   Stahl Informations-Zentrum, Stahl im Automobil, Leicht und sicher[EB/ OL]. www. stahl-info. de.

[2]   Naderi Malek. Hot stamping of ultra high strength steels[D]. Aachen: Rheinisch-Westfaelische Technische Hochschule Aachen, 2007.

[3]   Bardelcik A, Worswick M J, Winkler S, Wells M A. A strain rate sensitive constitutive model for quenched boron steel with tailored properties[J]. International Journal of Impact Engineering, 2012, 50: 49 - 62.

[4]   Karbasian H, Tekkaya A E. A review on hot stamping[J]. Journal of Materials Processing Technology, 2010, 210: 2103 - 2118.

[5]   Salonitis K, Pandremenos J, Paralikas J, et al. Multifunctional materials: engineering applications and processing challenges[J]. The International Journal of Advanced Manufacturing Technology, 2010, 49: 803 - 826.

[6]   Hein P, Wilsius J. Status and innovation trends in hot stamping of USIBOR 1500 P[J]. Steel Research International, 2008, 79: 85 - 91.

[7]   Bardelcik A, Salisbury C P, Winkler S, et al. Effect of cooling rate on the high strain rate properties of boron steel[J]. International Journal of Impact Engineering, 2010, 37: 694 - 702.

[8]   Mori K, Okuda Y. Tailor die quenching in hot stamping for producing ultra-

high strength steel formed parts having strength distribution [J]. CIRP Annals — Manufacturing Technology, 2010, 59: 291 - 294.

[9] Mori K, Maeno T, Mongkolkaji K. Tailored die quenching of steel parts having strength distribution using bypass resistance heating in hot stamping [J]. Journal of Materials Processing Technology, 2013, 213: 508 - 514.

[10] Merklein M, Lechler J, Stoehr T. Investigations on the thermal behavior of ultra high strength boron manganese steels within hot stamping [J]. International Journal of Material Forming, 2009, 2: 259 - 262.

[11] George R, Bardelcik A, Worswick M J. Hot forming of boron steels using heated and cooled tooling for tailored properties [J]. Journal of Materials Processing Technology, 2012, 212: 2386 - 2399.

[12] Svec T, Gruener M, Merklein M. FE-Simulation of the heat transfer by defined cooling conditions during the hot stamping process [J]. Key Engineering Materials, 2011, 473: 699 - 706.

[13] Ertürk S, Sester M, Selig M, et al. Simulation of tailored tempering with a thermo-mechanical-metallurgical model in AutoFormplus [C]. American Institute of Physics Conference Proceedings, Seoul, Korea, 2011, pp. 610 - 617.

[14] Tang B T, Wang Q L, Bruschi S, Ghiotti A, Bariani P F. Influence of temperature and deformation on phase transformation and vickers hardness in tailored tempering process: Numerical and experimental verifications [J]. Journal of Manufacturing Science and Engineering, 2014, 136: 1 - 14.

[15] Feuser P, Schweiker T, Merklein M. Partially hot-formed parts from 22MnB5-process window material characteristics and component test results [C]. Proceedings of the 10th International Conference on Technology of Plasticity, Aachen, Germany, 2011, pp. 408 - 413.

[16] Kolleck R, Weiß W, Mikoleizik P. Cooling of tools for hot stamping applications [C]. Proceedings of IDDRG, Graz, Austria, 2010,

pp. 111 – 119.

[17] Naderi M, Uthaisangsuk V, Prahl U, et al. A numerical and experimental investigation into hot stamping of boron alloyed [J]. Steel Research International, 2008, 79(2): 92 – 97.

[18] Caron E, Daun K J, Wells M A. Experimental characterization of heat transfer coefficients during hot forming die quenching of boron steel [J]. Metallurgical and Materials Transactions B, 2013, 44B: 332 – 343.

[19] Ghiotti A, Bruschi S, Pellegrini D. Influence of die materials on the microstructural evolution of HSS sheets in hot stamping [J]. Key Engineering Materials, 2011, 473: 201 – 208.

[20] Manzenreiter T, Rosner M, Kurz T, et al. Challenges and advantages in usage of zinc-coated, press-hardened components with tailored properties [J]. BHM, 2012, 157(3): 97 – 101.

[21] Choi H S, Lim W S, Seo P K, et al. Local softening method for reducing trimming load and improving tool wear resistance in cutting of a hot stamped component [J]. Steel Research International, 2011, Special Edition, 419 – 422.

[22] Mori K, Maeno T, Maruo Y. Punching of small hole of die-quenched steel sheets using local resistance heating [J]. CIRP Annals- Manufacturing Technology, 2012, 61: 255 – 258.

[23] Hung N, Marion M. Improved formability of aluminum alloys using laser induced hardening of tailored heat treated blanks [J]. Physics Procedia, 2012, 39: 318 – 326.

[24] Merklein M, Böhm W, Lechner M. Tailoring material properties of aluminum by local laser heat treatment [J]. Physics Procedia, 2012, 39: 232 – 239.

[25] 邢忠文,包军,杨玉英,等. 可淬火硼钢板热冲压成形试验研究[J]. 材料科学与工艺,2008,16(2): 172 – 175.

[26] 谷诤巍,单忠德,徐虹,等. 汽车高强度钢板冲压件热成形技术研究[J]. 模具工业,2009(4):27-29.

[27] 王立影,王芝斌. 热冲压成形零件质量控制因素分析[J]. 锻压技术,2010,35(2):117-119.

[28] Güler H, Özcan R, Yaunz N. Comparison of the mechanical and microstructural properties of heat-treated boron steel in different cooling media[J]. Mat.-wiss. u. Werkstofftech. 2014,45:894-899.

[29] 姜超,单忠德,庄百亮,等. 热冲压成形 22MnB5 钢板的组织和性能[J]. 材料热处理学报,2012(3):78-81.

[30] Zhou Jing, Wang Baoyu, Huang Mingdong, et al. Effect of hot stamping parameters on the mechanical properties and microstructure of cold-rolled 22MnB5 steel strips[J]. International Journal of Minerals, Metallurgy and Materials, 2014, 21:544-555.

[31] Holzweissig M J, Lackmann J, Konrad S, et al. Influence of short austenitization treatments on the mechanical properties of low-alloy steels for hot forming applications[J]. Metallurgical And Materials Transactions A, 2015, 46A:3199-3207.

[32] Turetta A, Bruschi S, Ghiotti A. Investigation of 22MnB5 formability in hot stamping operations[J]. Journal of Materials Processing Technology, 2006, 177:396-400.

[33] Li Jiayue, Min Junying, Qin Kaiyu, et al. Investigation on the effects of sheet thickness and deformation temperature on the forming limits of boron steel 22MnB5[J]. Key Engineering Materials, 2011, 474-476:993-997.

[34] Pellegrini D, Lechler J, Ghiotti A, et al. Interlaboratory comparison of forming limit curves for hot stamping of high strength steels[J]. Key Engineering Materials, 2009, 410-411:297-304.

[35] Dahan Y, Chastel Y, Duroux P, et al. Formability investigations for the hot stamping process[C]. Proceedings of the IDDRG2006, Porto, Portugal,

2006, pp. 395 - 402.

[36] Safaeirad M, Toroghinejad M R, Ashrafizadeh F. Effect of microstructure and texture on formability and mechanical properties of hot-dip galvanized steel sheets[J]. Journal of materials processing technology, 2008, 196: 205 - 212.

[37] Das D, Chattopadhyay P P, Bandyopadhayay N R. On the modification of martensite morphology in high martensite dual phase steels for the improvement of mechanical properties[J]. Journal of the Institution of Engineers (India), 2003, 84: 84 - 92.

[38] Hashimoto S, Sudo M, Mimura K, et al. Effect of microstructure on mechanical properties of C-Mn high strength hot rolled sheet steel[J]. Iron and Steel Institute of Japan, 1986, 26: 985 - 992.

[39] Barcellona A, Palmeri D. Effect of plastic hot deformation on the hardness and continuous cooling transformations of 22MnB5 microalloyed boron steel [J]. Metallurgical and Materials Transactions A, 2009, 40: 1160 - 1174.

[40] Ikeuchi K, Yanagimoto J. Valuation method for effects of hot stamping process parameters on product properties using hot forming simulator[J]. Journal of Materials Processing Technology, 2011, 211: 1441 - 1447.

[41] Yamazaki K. Current situation and properties of ultra high strength steel for automotive use in Japan [J]. La Revue de Metallurgie, 2003, 100: 779 - 786.

[42] Senuma T. Processing and properties of advanced high strength steel sheets [J]. Canadian Metallurgical Quarterly, 2004, 43: 1 - 12.

[43] 胡平,马宁. 高强度钢板热成形技术及力学问题研究进展[J]. 力学进展, 2011(3): 310 - 344.

[44] Du Linxiu, Yi Hailong, Ding Hua, et al. Effects of deformation on bainite transformation during continuous cooling of low carbon steels [J]. International Journal of Iron and Steel Research, 2006, 13: 37 - 39.

[45] Xu Y B, Yu Y M, Liu X H, et al. Computer simulation of ferrite transformation during hot working of low carbon steel[J]. Journal of Material Science Technology, 2004, 20: 497-500.

[46] Naganathan A. Hot stamping of manganese boron steel (technology review and preliminary finite element simulations): [D]. Columbus: The Ohio State University, 2010.

[47] 朱超. 超高强度钢板的热冲压成形模具设计及优化[D]. 长春: 吉林大学, 2010.

[48] 谷净巍, 姜超, 单忠德, 等. 超高强度钢板冲压件热成形工艺[J]. 汽车工艺与材料, 2009(4): 15-17.

[49] 张志强. 高强度钢板热冲压技术及数值模拟[J]. 金属铸锻焊技术, 2010(11): 103-105.

[50] 王立影, 林建平, 朱巧红, 等. 热冲压成形模具冷却系统临界水流速度研究[J]. 机械设计, 2008(4): 15-17.

[51] Hoffmann H, So H, Steinbeiss H. Design of hot stamping tools with cooling system[J]. CIRP Annals — Manufacturing Technology, 2007, 56: 269-272.

[52] Steinbeiß H, So H, Michelitsch T, Hoffmann H. Method for optimizing the cooling design of hot stamping tools[J]. Production Engineering, 2007, 1: 149-155.

[53] 朱巧红. 热成形模具热平衡分析及冷却系统设计优化[D]. 上海: 同济大学机械工程学院, 2007.

[54] 徐伟力, 管曙荣, 艾健, 等. 钢板热冲压新技术关键装备和核心技术[J]. 世界钢铁, 2009(2): 30-33.

[55] 周全. 汽车超高强度硼钢板热成形工艺研究[D]. 上海: 同济大学机械工程学院, 2007.

[56] 王世魁. 变强度冲压件热成形关键技术研究[D]. 哈尔滨: 哈尔滨工业大学机电工程学院, 2014.

[57] Kim J T, Kim B M, Kang C G. The effect of die structure on formability in hot press forming of center pillar [C]. International Conference on Technology of Plasticity (ICTP), 2011, pp. 432 - 437.

[58] 连胜利,张向亮,刘剑,等.汽车侧面碰撞 B 柱结构优化设计[J].汽车实用技术,2015(4)：11 - 12.

[59] 徐增密,刘立忠,申国哲,等.基于响应面和 kriging 代理模型的汽车 B 柱优化设计[J].汽车技术,2012(4)：39 - 43.

[60] Lei Fei, Chen Xin, Chen Guodong, et al. Structural optimization design of B-pillar considering roof crush and side impact requirements in passenger car [J]. China Mechanical Engineering, 2013, 24：1510 - 1516.

[61] Pan Feng, Zhu Ping, Zhang Yu. Metamodel-based lightweight design of B-pillar with TWB structure via support vector regression[J]. Computers & Structures, 2010, 88：36 - 44.

[62] Yang Zhitian, Peng Qian, Yang Jikuang. Lightweight design of B-pillar with TRB concept considering crashworthiness [C]. 2012 Third International Conference on Digital Manufacturing & Automation, 510 - 513.

[63] Marklund P O, Nilsson L. Optimization of a car body component subjected to side impact[J]. Structural and Multidisciplinary Optimization, 2001, 21：383 - 392.

[64] Reddy S. Modeling and analysis of a composite B-Pillar for side-impact protection of occupants in a sedan：[D]. Kansas：Wichita State University, 2007.

[65] Bandi P. Design of crashworthy structures with controlled behavior in HCA framework：[D]. South Bend：University of Notre Dame, 2012.

[66] 洪圆圆.BR1500HS 热冲压成形中组织转变及数值模拟研究[D].哈尔滨：哈尔滨工业大学机电工程学院,2014.

[67] 邓鹏.超级贝氏体钢的相变和组织研究[D].武汉：武汉科技大学,2013.

[68] 赵春梅.新型轧辊用高速钢 CCT 曲线的测定[J].赤峰学院学报(自然科学

版),2010(8):146-147.

[69] 肖碧媛.22MnB5 高强度钢热变形行为及冲压工艺仿真研究[D].长沙:湖南大学材料科学与工程学院,2013.

[70] 邵际平,徐玉强,叶尔哈那提,等. 提高 HRB500E 抗震钢筋强屈比的措施[J].新疆钢铁,2015(2):19-23.

[71] 李龙飞,杨王玥,孙祖庆.Mn 含量对低碳钢中铁素体动态再结晶的影响[J].金属学报,2004(12):1257-1263.

[72] Wang Kelu, Lu Shiqiang, Kang Yonglin, et al. Effect of boron on microstructure and properties of high-strength low carbon bainitic steel[J]. Heat Treatment of Metals, 2009, 3:6-9.

[73] 康利明,李德刚,杨维宇.厚规格高强度钢 Q690D 的淬透性研究[J].包钢科技,2013(4):31-33.

[74] 陈静,徐光,王凤琪,等.Fe-C-Mn-Si-Cr-V 系超级贝氏体钢 CCT 曲线研究[J].2013(20):70-72.

[75] 王魁周.热轧双相钢组织性能研究[D].沈阳:东北大学,2006.

[76] Zhang Tao, Hou Huaxing, Chen Junping,et al. Influence of Ti/N ratio on microstructure and mechanical properties of high strength bainitic steel plate[J]. Iron Steel Vanadium Titanium, 2011, 32 (4):22-25.

[77] 钢材性能的影响因素[EB/OL]. http://www. zjlq. net/Article/Article_1409. html.

[78] 程四华.100 kg 级高强煤机用钢 TMCP 工艺和组织特征[D].武汉:武汉科技大学,2009.

[79] Jiang Haitao, Tang Di, Mi Zhenli, et al. Influence of processing parameters of hot stamping to mechanical properties of martensite steel and segregation of boron[J]. Journal of Materials Engineering, 2010, 2:69-73.

[80] 张明亚.加热速度对冷轧双相钢组织性能的影响[J].山东冶金,2014(36):32-35.

[81] 王立影.超高强度钢板热冲压成形技术研究[D].上海:同济大学机械工程学

院,2008.

[82] 谭志耀,田浩彬,倪峰,等. 硼钢板高温拉伸性能研究[J]. 理化检验-物理分析,2006(42):63-65.

[83] 胡光立,谢希文. 钢的热处理(原理和工艺)[M]. 西安:西北工业大学出版社,2012.

[84] 徐洲,赵连城. 金属固态相变原理[M]. 北京:科学出版社,2004.

[85] 李龙飞,杨王玥,孙祖庆. 原始晶粒尺寸对低碳钢中铁素体动态再结晶的影响[J]. 金属学报,2004(40):141-147.

[86] 胡琦. 超高强度硼钢板热冲压的力学性能研究[D]. 上海:同济大学机械工程学院,2008.

[87] Garcia C, Caballero F G, Capdevila C, et al. Application of dilatometric analysis to the study of solid-solid phase transformations in steels[J]. Materials Characterization,2002,48(1):101-111.

[88] Turetta A. Investigation of thermal, mechanical and microstructural properties of quenchenable high strength steels in hot stamping operations:[D]. Italy:University of Padova,2008.

[89] Min Junying, Lin Jianping, Min Yong'an. Effect of thermo-mechanical process on the microstructure and secondary-deformation behavior of 22MnB5 steels[J]. Journal of Materials Processing Technology,2013,213(6):818-825.

[90] Kop T A, Sietsma J, Van Der Zwaag S. Dilatometric analysis of phase transformations in hypo-eutectoid steels[J]. Journal of Materials Science,2001,36:519-526.

[91] Buerger M. J. Phase transformations in solids[M]. John Wiley,1951:183.

[92] Min Junying, Lin Jianping, Min Yong'an, et al. Phase transformations in isothermally deformed 22MnB5 steels[J]. Materials Science and Engineering:A,2012,550:375-387.

[93] Lan Y J, Li D Z, Li Y Y. Modeling austenite decomposition into ferrite at

different cooling rate in low-carbon steel with cellular automaton method[J]. Acta Mater 2004，52：1721－1729.

[94] Dommarco R C，Sousa M E，Sikora J A. Abrasion resistance of high nodule count ductile iron with different matrix microstructures[J]. Wear，2004，257：1185－1192.

[95] Åkerström P，Oldenburg M. Austenite decomposition during press hardening of a boron steel — computer simulation and test[J]. Journal of Materials Processing Technology，2006，174：399－406.

[96] Militzer M，Pandi R，Hawbolt E B. Ferrite nucleation and growth during continuous cooling[J]. Metallurgical and Materials Transactions A，1996，27：1547－1556.

[97] He Lianfang. Research on key parameter measuring and quenching properties of boron steel B1500HS in hot stamping process：[D]. Jinan：Shangdong University，2012.

[98] Shipway P H，Bhadeshia H. The effect of small stresses on the kinetics of the bainite transformation[J]. Materials Science and Engineering：A，1995，201：143－149.

[99] Solovev V. Dislocation theory of martensite（diffusionless）transformations [J]. Fiz Tverd Tela，1973，15：1742－1751.

[100] Nikravesh M，Naderi M，Akbari G H. Influence of hot plastic deformation and cooling rate on martensite and bainite start temperatures in 22MnB5 steel[J]. Materials Science & Engineering A，2012，540：24－29.

[101] Umemoto M，Horiuchi K，Tamura I. Transformation kinetics of bainite during isothermal holding and continuous cooling[J]. The Iron and Steel Institute of Japan，1982，22：854－861.

[102] 肖纪美. 合金相与相变[M]. 北京：冶金工业出版社，2004.

[103] 徐祖耀. 材料相变[M]. 北京：高等教育出版社，2013.

[104] 卢沛，卢志明，杜斌康，等. 拉伸塑性变形对 304 不锈钢马氏体相变规律的影

响[J]. 轻工机械,2013(5):88-91.

[105] Abbasi M,Saeed-Akbari A,Naderi M. The effect of strain rate and deformation temperature on the characteristics of isothermally hot compressed boron-alloyed steel[J]. Materials Science and Engineering:A, 2012,538:356-363.

[106] He B B,Xu W,Huang M X. Increase of martensite start temperature after small deformation of austenite[J]. Materials Science & Engineering A, 2014,609:141-146.

[107] Ashby M F. The deformation of plastically non-homogeneous materials[J]. Philosophical Magazine A,1968,21(170):399-424.

[108] Kaufman L,Cohen M. Thermodynamics and kinetics of martensitic transformations[J]. Progress in Metal Physics,1958,7:165-246.

[109] 徐祖耀,刘世楷. 贝氏体相变与贝氏体[M]. 北京:科学出版社,1991.

[110] 东北大学轧制技术及连轧自动化国家重点试验室. 奥氏体-铁素体相变动力学研究[M]. 北京:冶金工业出版社,2015.

[111] 高宁. 论变温相变动力学模型. 金属热处理学报,1999,Vol. 增刊:337-341.

[112] Brokate M,Sprekels J. Hysteresis and phase transitions[M]. NewYork:Springer-Verlag,1996.

[113] Nakazima K,Kikuma T,Hasuka K. Study on the formability of steels[J]. Yawata Technical Report,1971,284:678-680.

[114] Min Junying,Lin Jianping,Li Jiayue,et al. Investigation on hot forming limits of high strength steel 22MnB5[J]. Computational Materials Science, 2010,49:326-332.

[115] Min Junying,Lin Jianping,Cao Ying,et al. Effect of necking types of sheet metal on the left-hand side of forming limit diagram[J]. Journal of Materials Processing Technology,2010,210:1070-1075.

[116] Inal K,Neale K W,Aboutajeddine A. Forming limit comparisons for FCC

and BCC sheets[J]. International Journal of Plasticity, 2005, 21: 1255 - 1266.

[117] Serenelli M J, Bertinetti M A, Signorelli J W. Study of limit strains for FCC and BCC sheet metal using polycrystal plasticity[J]. International Journal of Solids and Structures, 2011, 48: 1109 - 1119.

[118] Talyan V, Wagoner R H, Lee J K. Formability of stainless steel[J]. Metall. Metallurgical and Materials Transactions A, 1998, 29A: 2161 - 2172.

[119] Alejandro Graf, William F. Hosford. Calculations of forming limit diagrams[J]. Metallurgical Transactions A, 1990, 21: 87 - 94.

[120] Korhonen A S, Manninen T. Forming and fracture limits of austenitic stainless steel sheets[J]. Materials Science and Engineering: A, 2008, 488: 157 - 166.

[121] Banabic D, Comsa S, Jurco P, et al. FLD theoretical model using a new anisotropic yield criterion[J]. Journal of Materials Processing Technology, 2004, 157 - 158: 23 - 27.

[122] Park J, Lee J, You B, et al. Plastic deformation characteristics of AZ31 magnesium alloy sheets at elevated temperature[C]. Proceedings of the 9th International Conference on Numerical Methods in Industrial Forming Processes, June, Porto, Portugal, 2007, pp. 1269 - 1274.

[123] 余心宏,翟妮芝,翟江波. 基于 Oyane 韧性断裂准则的板料成形极限预测[J]. 材料科学与工艺,2009(17): 738 - 740.

[124] Yu Xinhong, Zhai Nizhi, Zhai Jiangbo. Prediction of the forming limit of sheet metals based on Oyane ductile fracture criterion[J]. Materials Science & Technology, 2009, 17: 738 - 740.

[125] 俞德刚. 加热速度及原始组织对珠光体转变为奥氏体转变温度的影响之研究[J]. 哈尔滨工业大学学报,1955(5): 1 - 13.

[126] Bong H J, Barlat F, Ahn D C, et al. Formability of austenitic and ferritic

stainless steels at warm forming temperature[J]. International Journal of Mechanical Sciences, 2013, 75: 94 – 109.

[127] Lee Chang Gil, Kim Sung-Joon, Lee Tae-Ho, et al. Effects of volume fraction and stability of retained austenite on formability in a 0. 1C-1. 5Si-1. 5Mn-0. 5Cu TRIP-aided cold-rolled steel sheet[J]. Materials Science and Engineering: A, 2004, 371: 16 – 23.

[128] Stoudt M R, Ricker R E. The relationship between grain size and the surface roughening behavior of al-mg alloys[J]. Metallurgical and Materials Transactions A, 2002, 33A (9): 2883 – 2889.

[129] Chen Changcheng. Grain-size effect on the forging formability of mini gears [J]. The International Journal of Advanced Manufacturing Technology, 2015, 79: 863 – 871.

[130] Huang Xinsheng, Chino Y, Mabuchi M, et al. Influences of grain size on mechanical properties and cold formability of Mg – 3Al – 1Zn alloy sheets with similar weak initial textures[J]. Materials Science & Engineering A, 2014, 611: 152 – 161.

[131] Goo N H, Kang C. Analysis of the surface-roughening phenomenon in P-added bake-hardened steel sheets [J]. Integrating Materials and Manufacturing Innovation, 2014, 3: 1 – 13.

[132] Gao Lin, Tong Guoquan, Guo Yong. Surface roughness evolution and formability of interstitial- free sheet steel to grain size and sheet thickness [J]. Transactions of Nanjing University of Aeronautics & Astronautics, 1999, 16 (2): 200 – 203.

[133] Afshin E, Kadkhodayan M. An experimental investigation into the warm deep-drawing process on laminated sheets under various grain sizes[J]. Materials and Design, 2015, 87: 25 – 35.

[134] He Lingrong, Zhang Kun, Wang Mingxing, et al. Three-dimensional Wrinkling of Cylinders under Edge Compression[J]. Journal of Mechanical

Engineering，2011，47：35 - 39.

[135] 张莹,贾国瑞,谢水生,等.压力和振动对锌合金凝固成形的影响[J].南昌大学学报(工科版),2011(33)：374 - 377.

[136] Ikeshima T. High temperature plasticity of steel[J]. The Japan Institute of Metals，17(1)：A1 - A5.

[137] Lin Xinbo, Xiao Hongsheng, Zhang Zhiliang, et al. The experimental research and mathematical modeling of 08F steel flow stress in the temperature range of warm forging[J]. Journal of Plastics Engineering, 2001，4：1 - 5.

[138] Bardelcik A, Worswick M J, Wells M A. The influence of martensite, bainite and ferrite on the as-quenched constitutive response of simultaneously quenched and deformed boron steel — Experiments and model[J]. Materials and Design, 2014，55：509 - 525.

[139] Prawoto Y,等.原始奥氏体晶粒尺寸对中碳钢马氏体形态和力学性能的影响[J].钢铁译文集,2013(2)：20 - 24.

[140] 付志强.B1500HS 硼钢板再结晶过程数值模拟及试验研究[D].山东：山东大学材料科学与工程学院,2012.

[141] 侯红苗,盈亮,吴秀峰,等.加热温度对 22MnB5 微观组织和奥氏体晶粒的影响[J].锻压装备与制造技术,2012(47)：89 - 91.

[142] 余伟,齐越,李亮,等.常化后冷却工艺对 1 600 MPa 级超高强钢组织性能的影响[J].北京科技大学学报,2014(36)：56 - 62.

[143] Wang Chunfang, Wang Maoqiu, Shi Jie, et al. Microstructural characterization and its effect on strength of low carbon martensitic steel [J]. Iron and Steel, 2007，42：57 - 60.

[144] Li Xueda, Ma Xiaoping, Subramanian S V, et al. Influence of prior austenite grain size on martensite-austenite constituent and toughness in the heat affected zone of 700 MPa high strength line pipe steel[J]. Materials Science & Engineering, 2014，A616：141 - 147.

[145] He Yu, Su Guoyue, Qu Wensheng, et al. Grain size and its effect on tensile property of ultra-purified 18Ni maraging steel[J]. Acta Metallurgica Sinica, 2002, 38: 53 - 57.

[146] Bok Hyun-Ho, Lee Myoung-Gyu, Pavlina J Erik, et al. Comparative study of the prediction of microstructure and mechanical properties for a hot-stamped B-pillar reinforcing part[J]. International Journal of Mechanical Sciences, 2011, 53: 744 - 752.

[147] Reddy S. Modeling and analysis of a composite B-pillar for side-impact protection of occupants in a sedan[D]. India: VTU, 2007.

[148] Mohebbi M S, Akbarzadeh A. Prediction of formability of tailor welded blanks by modification of MK model [J]. International Journal of Mechanical Sciences, 2012, 61: 44 - 51.

[149] Zhao K M, Chun B K, Lee J K. Finite element analysis of tailor-welded blanks[J]. Finite Elements in Analysis and Design, 2001, 37: 117 - 130.

[150] Erhardt R, Böke J. Industrial application of hot forming process simulation [C]. 1st International conference on hot sheet metal forming of high-performance steel. Kassel, Germany, 2008.

[151] Huh H, Kim K P, Kim S H, et al. Crashworthiness assessment of front side members in an auto-body considering the fabrication histories[J]. International Journal of Mechanical Sciences, 2003, 45: 1645 - 1660.

[152] Hora P, Volk W, Roll K, et al. The Numisheet 2008 Benchmark Study [Z]. September 1 - 5, 2008, Interlaken, Switzerland.

[153] Liu Wei, Liu Hongsheng, Xing Zhongwen, et al. Effect of tool temperature and punch speed on hot stamping of ultra high strength steel [J]. Transactions of Nonferrous Metals Society of China, 2012, 22: s534 - s541.

后　记

时光飞逝，我已在同济大学度过了十年光阴，十年前大一入学时稚嫩懵懂的样子还历历在目，六年前选择直博时踌躇满志的感觉还记忆犹新，但在博士论文付梓之际，十年的时间仿佛也在一瞬间就走到了尽头。这十年里，有欢乐，也有忧伤；有坚持，也有迷茫；有拼搏，也有放弃；有收获，也有遗憾。人的一生能有几个十年，而在同济的十年是改变我命运的十年，是我人生中最重要的一段旅程，有太多太多的人和事值得记忆与感恩。

首先谨以最诚挚的敬意感谢我的导师林建平教授。本书是在林老师的悉心指导下完成的，从选题到科学问题的发现，到最后的完成都倾注了他大量的心血。林老师不仅在研究方面给予了很多指导和帮助，还为我提供了参加同济大学和香港理工大学双博士学位项目的机会，进一步拓宽了我的视野。在我博士的六年里，林老师在学习和生活上都给予了我无微不至的关心，我取得的点滴成绩无不凝聚着他的心血。林老师大家的气度、深邃的思维、广阔的视野使我受益匪浅，并将深刻地影响我日后的工作和生活。

同样感谢我的导师傅铭旺教授的殷切关怀和指导。在香港理工大学的一年半时间里，一次次的讨论、一次次的指导、一次次的修改，傅老师认真负责的工作态度和严谨求实的科研作风都使我深受感染,获益良多。在我回到同济大学后,傅老师也不辞辛劳,继续通过邮件和电话,甚至亲自来到上海,为我的论文提供最大限度的帮助和斧正,确保了本论文的顺利完成。傅老师给予的点点滴滴我都将铭记于心,感恩于怀。

感谢课题组闵俊英博士、陈珂博士、郑锐博士、张玲、吴泳荣、孙博、刘雨阳、王灿、牛耀民和郭夏阳等同学的帮助,在本书进展过程中进行了很多有益的讨论,获得了很多宝贵的意见和建议,与他们在学业上的切磋砥砺使我受益终生。同时也感谢所有曾经在实验室一起工作和战斗过的师兄姐弟妹们,为我的学习和生活带来了很多温暖与欢乐。

远离父母求学的十年,亲情给予了我最大的感情支撑,给予了我完成学业的信心和勇气。感谢父母对我的疼爱和无私付出,对我学业的无怨支持,对我过去、现在乃至将来学习工作生活的鼓励和理解。谁言寸草心,报得三春晖,养育之恩,无以回报。

向所有关心、支持和帮助过我的同学们、朋友们、老师们和亲人们致以深深的感谢!

李芳芳